浙江省教育厅第一批省级课程思政教学项目

浙江省社科联社科普及课题成果

浙江名菜制作与创新

刘 晨 主编

中国商业出版社

图书在版编目（CIP）数据

浙江名菜制作与创新 / 刘晨主编 . -- 北京 : 中国商业出版社 , 2021.12（2023.6 重印）

ISBN 978-7-5208-1874-2

Ⅰ . ①浙… Ⅱ . ①刘… Ⅲ . ①中式菜肴—菜谱—浙江 Ⅳ . ① TS972.182

中国版本图书馆 CIP 数据核字（2021）第 222997 号

责任编辑： 林　海

策划编辑： 刘万庆

中国商业出版社出版发行

010-63180647　www.c-cbook.com

（100053　北京广安门内报国寺 1 号）

新华书店经销

三河市天润建兴印务有限公司印刷

*

889 毫米 ×1194 毫米　16 开　16.5 印张　248 千字

2021 年 12 月第 1 版　2023 年 6 月第 2 次印刷

定价：88.00 元

* * * *

（如有印装质量问题可更换）

前言

2014年以来，浙江商业职业技术学院申报的课题《民族文化传承与创新子库——烹饪工艺与营养传承与创新》，于2015年6月30日被教育部立项（教职成函〔2015〕10号）。该项目共有22个子项目，其中《中国名菜实训库》是22个子项目中非常重要也是非常有特色的子项目之一。该课题《民族文化传承与创新子库——烹饪工艺与营养传承与创新》已于2019年年底通过教育部的验收。按照教育部的相关要求，为了建设好该子项目，造福全省、全国乃至全世界的烹饪爱好者，《浙江名菜制作与创新》在《中国名菜实训库》的基础上进行不断完善，把传统文化、工匠精神、劳动精神、劳模精神、诚实守信、生态文明等育人元素融入实践教学中，并得到了浙江餐饮行业领导与大师的大力支持，高质量完成了《浙江名菜制作与创新》书籍的编写，在此对编写此书付出辛勤劳动的行业领导与烹饪大师们表示衷心的感谢！行业领导与烹饪大师团队如下：

浙江名菜制作与创新　负责人：刘　晨

浙江名菜制作与创新　智囊团：胡忠英　王仁孝　戈掌根

浙江名菜制作与创新　制作团队主要成员：

杭州：胡忠英（浙江餐饮业终身成就奖，杭州G20峰会餐饮文化专家组长）

王仁孝（杭州饮食服务集团公司技术顾问）

戈掌根（浙江省餐饮行业协会驻会副会长）

董顺翔（浙江省餐饮行业协会名厨专业委员会常务副主任）

刘　晨（浙商职院旅游烹饪学院党总支书记）

宁波：戴永明（享受国务院特殊津贴专家，浙江餐饮业终身成就奖，宁波菜研究会会长）

绍兴：茅天尧（浙江省非物质文化遗产“绍兴菜烹饪技艺”代表性传承人）

温州：潘晓林(享受国务院特殊津贴专家，浙江餐饮业终身成就奖）

湖州：李林生（浙江省餐饮行业协会执行会长，中国烹饪大师《名人堂》导师）

嘉兴：俞炳荣（浙江餐饮业终身成就奖，嘉兴市技师协会餐饮专业委员会主任）

范永伟（浙江省餐饮行业协会副会长）

金华：王晟兆（金华开放大学城市服务学院副院长）

丽水：麻根华（丽水市名厨专业委员会主任，丽水市厨师协会会长）

衢州：雷小平（衢州市餐饮行业协会副秘书长）

李益中（衢州国际大酒店厨师长）

台州：刘小敏（台州市餐饮行业协会执行会长）

舟山：董海达（舟山旅游商贸学校烹饪教师）

浙商职院：王洪贞（旅游烹饪学院党总支副书记）

赵　刚（旅游烹饪学院烹饪系主任）

陈　琳（旅游烹饪学院高级工程师，食品科学博士）

王敏平（旅游烹饪学院烹饪教师）

《浙江名菜制作与创新》这本书是在《中国名菜实训库》的基础上编写的。负责人经过前期与相关行业领导及烹饪大师的联系、沟通、实地考察、确定品种、确定拍摄时间、联系拍摄组、赴现场拍摄、用文字记录每个菜的制作过程等各项工作，奔赴浙江省11个城市，经过近3年的苦战，在11个地市团队及校内相关师生的共同努力下，按照教育部的要求及项目负责人前期制订的拍摄方案，有条不紊地进行，圆满并高质量地完成浙江11地市共140个名菜的拍摄与制作，且配有文字、图片、典故（部分菜肴）、视频与学习者们共分享。有一些名菜也是第一次进入我们的视线，对学习者了解、掌握浙江菜的发展有很大的帮助。同时，对烹饪或食品专业的在校大学生、烹饪专业的中等职业学校学生、宾馆酒店的烹饪专业大厨、美食家、在国外经营中餐馆的侨胞、国外同行及广大烹饪爱好者有很大帮助。由于编写时间紧、任务重，在编写过程中会有一定的不足，请批评指正。

刘晨

2021年4月

目录

宁波菜

绍兴菜

温州菜

湖州菜

嘉兴菜

金华菜

丽水菜

衢州菜

台州菜

舟山菜

浙　菜

浙菜概述

浙江烹饪，源远流长，已有几千年的历史。1973年，我国考古工作者在浙江余姚河姆渡发掘一处新石器时代早期的文化遗址，出土的文物中拥有大量籼稻、谷壳和很多菱角、葫芦、酸枣的核以及猪、鹿、虎、麋（四不像）、犀、雁、鸦、鹰、鱼、龟、鳄等40种动物的残骸，还发掘出陶制古灶和一批釜、罐、盆、盘、钵等生活用陶器。在春秋末年，越国定都“会稽”（今绍兴市），为钱塘江流域发展奠定了坚实的基础，并得到很快的发展。南北朝以后，江南几百年免于战争，隋唐开通京杭大运河，宁波、温州二地海运事业拓展，对外经济贸易交往频繁，尤其是五代（公元907年开始）吴越王钱镠（liú）建都杭州，经济文化益显发达，人口剧增，商业繁荣，所有这些无不影响烹饪行业的崛起和发展，北宋时汴梁人称杭州为“地上天宫”。

宋室南渡，定都临安(今杭州)，在此中华民族第二次大迁移中，推动了以杭州为中心的南方菜肴的革新和发展。宋吴自牧的《梦粱录》卷十六《分茶酒店》中记载，当时杭州诸色菜肴有280种之多，各种烹饪技法达15种以上。

中华人民共和国成立以后，浙江饮食业发展迅速，人们的生活方式和膳食结构发生了深刻变化，吃讲营养、讲卫生、讲究口味多样，成了城乡人民的普遍要求。在生产实践中，广大厨师利用得天独厚的饮食资源，施展高超精湛的技艺，烹制出雅俗共赏、风味各异的佳肴美点3000余品，为浙江食坛上增添了朵朵奇葩异卉。

浙江烹饪经历了漫长的发展历程，尤其是经近代烹饪工作者悉心研究、发掘开拓和提高，使“浙菜”体系日臻完整和统一，它分别由杭州、宁波、绍兴和温州为代表的四个地方流派组成。

一、杭州自南宋以来，是东南经济文化重镇，烹饪技艺前后一脉相承，菜肴制作精细，清鲜爽脆，淡雅细腻是浙菜的主流，如东坡肉、薄片火腿、西湖醋鱼、宋嫂鱼羹、龙井虾仁、叫花童鸡、油焖春笋、八宝豆腐、西湖莼菜汤等，集中反映了“杭菜”的风味特色。

二、宁波濒临东海，兼有渔盐平原之利，菜肴以“鲜咸合一”的独特滋味为多见，菜品翔实，色泽和口味较浓。在取料上，“宁菜”以海鲜居多，如宁波雪菜大汤黄鱼、锅烧鳗、黄鱼羹、三丝拌蛏、奉化摇蚶。

三、绍兴濒临东海，兼有渔盐平原之利，菜肴以“鲜咸合一”的独特滋味为多见，菜品翔实，色泽和口味较浓。“绍菜”以河鲜家禽见长，富有浓厚的乡村风味，用绍兴酒糟烹制的糟菜、豆腐菜充满田园气息，如干菜焖肉、白鲞扣鸡、糟熘虾仁、步鱼烧豆腐、清汤鱼圆等。

四、温州古称“瓯”，地处浙南沿海，当地居民的语言、风俗和饮食起居等方面都自成一体，素以“东瓯名镇”著称。“瓯菜”则以海鲜入馔为主，口味清鲜，淡而不薄，烹调讲究“二轻一重”（轻油、轻芡、重刀工），代表菜有三丝敲鱼、爆墨鱼花、锦绣鱼丝、马铃黄鱼、双味蝤蛑、橘络鱼脑、蒜子鱼皮等。

“浙菜”基于以上四个流派，从整体上看，具有比较明显的特色风格，概而论之，有以下四个方面：

一、选料刻求“细、特、鲜、嫩”。“浙菜”选料一要精细，取用物料的精华部分，使菜品达到高雅上乘；二用特产，使菜品具有明显的地方特色；三讲鲜活，使菜品保持味道纯真；四求柔嫩，使菜品食之清鲜爽脆。

二、烹调擅长炒、炸、烩、熘、蒸、烧。海味河鲜烹制独到。“熟物之法，最重火候”，浙江烹鱼，大都过水，约有2/3的鱼菜是用水作传热体烹制的，突出鱼的嫩鲜，保持本味。如，著名的西湖醋鱼系活鱼现杀，经沸水氽熟，软熘而成，不加任何油星，滑嫩鲜美有口皆碑。

三、口味注重清鲜脆嫩，保持主料的本色和真味。如东坡肉用黄酒代水焖制，醇香甘美。清汤越鸡则衬以火腿、嫩笋、冬菇清蒸，原汁原汤馥香四溢。雪菜大汤黄鱼以雪里蕻咸菜、竹笋配伍，汤料芳香浓郁。诸如清蒸鳜鱼、芙蓉蝤蛑、之江鲈莼羹等海味河鲜菜肴，都以主料突出、口味纯真而见长。

四、形态讲究精巧细腻，清秀雅丽。如传统名菜薄片火腿，片片厚薄均等，长短一致，整齐划一，每片红白相间，造型犹如江南水乡的拱桥；创新佳肴锦绣鱼丝，9厘米长的鱼丝条条不断，丝丝匀称，乳白色的基调，缀以几丝红绿柿椒，色彩绚丽和谐，深得美食家赞许。

杭州菜

杭州菜概述

杭州是历史悠久的文化古城，“良渚文化”的发现，证明公元前四五千年就有人类在此繁衍生息。特别是唐宋以来，经济繁荣，名人云集，宋室南渡建都临安（即杭州），杭州成为我国七大古都之一。饮食的烹饪技艺，也达到鼎盛时期，杭州菜就是在这个基础上，集前代饮食业发展之大成，扬江南鱼米之乡、物产丰盛之优势，吸收北方的烹饪技艺，融合西湖胜迹的文采风貌，“南料北烹”“口味交融”，形成自己独特的风味，成为江南菜中独树一帜，带有古都风格的“京杭菜肴”。

杭州菜源远流长，它与宁波菜、绍兴菜、温州菜共同构成传统的浙江菜系。杭州地处江南水乡，气候温和，当地人饮食口味偏清淡，平日喜食鱼虾。所有这些，决定了杭州菜注重原汁原味，烹饪时轻油腻轻调料，口感鲜嫩，口味醇美，色、香、味俱全。如钱塘门外的宋五嫂就是一位烹制鱼羹的高手，她的“宋嫂鱼羹”至今让人津津乐道。乾隆微服私访，龙井虾仁应运而生，这道茶叶虾仁色泽雅丽，滋味独特，便成了杭州名菜而流传至今。相传古时有宋氏兄弟，宋弟为报兄仇向官府告状，结果落得一顿棒打。宋嫂劝叔外逃，行前特意用糖、醋烧制了一条西湖里的草鱼为他饯行，勉励他“苦甜毋忘百姓辛酸之处”，西湖醋鱼因此得名。杭州菜选料时鲜，制作精细，色彩鲜艳，品种繁多，杭州菜深得中外宾客的赞赏。1956年浙江省认定的36道杭州名菜就包括上述菜肴。

近年来，杭州餐饮市场发展迅速，涌现出许多在全国有相当知名度的菜肴。这些新菜博采众长，精工细作，无论是在做工还是色香味上，都超越了传统的菜肴。其实，今天的杭州菜就是“迷宗菜”，这一观点，在20世纪90年代初就有人提出来了。据了解，杭州菜历史上分为“湖上”“城厢”两个流派。前者用料以鱼虾和禽类为主，擅长生炒、清炖、嫩熘等技法，讲究清、鲜、脆、嫩的口味，注重保留原汁原味。后者用料以肉类居多，烹调方法以蒸、烩、氽、烧为主，讲究轻油、轻浆、清淡鲜嫩的口味，注重鲜咸合一。改革开放以来，杭州作为著名旅游城市，对内、对外交往增多，过去面对的是本地顾客，如今要面向全国，面向全世界。交流活动增加，学习机遇增多，挑战压力增大，餐饮经营者的观念都要跟着变。杭州菜与兄弟菜系越来越融为一体，博采众家之长，成为无宗无派的集大成者。

杭州菜成功的关键是老一辈烹饪艺术家与当代年轻厨师都具有与时俱进的精神与创新的品质，使杭州菜深得国内外游客及名人的喜爱。杭州菜精细的做工，独到的口味，清鲜的风格，选材上的创新、配料的创新、烹制上的创新、管理上的创新，使越来越多的人认识了杭州菜。

春笋炒步鱼

烹调方法：炒　　菜系：杭州菜　　编号：01

原料

主料：鲜活步鱼400克。

辅料：净嫩春笋肉100克。

调料：酱油20克、黄酒10克、白糖5克、精盐2克、味精2克、胡椒粉2克、芝麻油5克、湿淀粉50克、葱段10克、生姜10克、色拉油750克（约耗65克）。

制作过程：

1. 将步鱼宰杀、洗净，切去鱼嘴和鱼鳍，斩齐鱼尾，切成两片，再切牡丹花刀，改刀成小段。

2. 步鱼放碗中，用精盐、料酒、湿淀粉上浆待用。

3. 将黄酒、酱油、白糖、味精、湿淀粉和清水放入小碗中调成芡汁待用。

4. 锅置火上烧热，滑锅后下色拉油至三成热时倒入笋块滑约15秒后放入步鱼划散，用漏勺捞起。锅内留油放入姜片炝锅，即下鱼块和笋块，把调好的芡汁淋入锅内，轻轻颠翻炒锅，以防鱼肉散碎，待芡汁包住鱼块时，撒上葱段、淋上芝麻油即可。吃时根据食者爱好可加适量胡椒粉。

成品特点：鱼嫩味鲜，笋脆爽口，色泽油亮，咸鲜馥郁。

制作关键：

1. 掌握好油温。

2. 芡汁事先调制好。

营养价值：春笋含有丰富的植物蛋白和膳食纤维、胡萝卜素、维生素B、维生素C、维生素E及钙、磷、铁等人体必需的营养成分。

步鱼营养丰富，含有蛋白质、脂肪、钙、磷、铁、维生素等成分，氨基酸含量均高于一般鱼类。

保健功能：春笋味甘性寒，具有利九窍、通血脉、化痰涎、消食胀等功效。步鱼有滋补、益筋骨、和肠胃、治水气、治痔疮等功效，妊娠期和产妇多食有保健作用。

【典故】说起“春笋步鱼”，有一段关于“白公”与步鱼的传闻：清代，有一文人陈璨写了一首《西湖竹枝词》：“清明土步鱼初美，重九团脐蟹正肥，莫怪白公抛不得,便论食品亦忘归”，词中所举的，即唐朝著名诗人白居易。长庆四年（公元824年）春天，白居易在杭州任刺史，任期将满时，写了一首题为《春题湖上》的诗，最后两句是“未能抛得杭州去，一半勾留是此湖”。陈璨的竹枝词将“白公”对杭州的留恋惜别，引渡到对清明步鱼、重九湖蟹的喜爱而忘归，这尽管不是白公的原意，却也不无道理，因为步鱼（学名为沙鳢，又称塘鳢、土步鱼）体小、肉多，是江浙一带喜爱的小型食用鱼类，清明前后的草塘步鱼，越冬后尚未产卵生殖，俗话说尚未“开眼”，鱼肉肥嫩，十分鲜美，与破土而出的嫩春笋同炒，其味怎不叫人流连忘返呢！

东坡肉

烹调方法：焖、蒸　　菜系：杭州菜　　编号：02

原料

主料： 生净猪五花肉1500克。

调料： 黄酒250克、酱油150克、白糖100克、姜块50克、小葱150克。

制作过程：

1．选用皮薄、肉厚的猪五花肉条，刮净皮上的余毛，用清水洗干净，放入沸水锅内约煮5分钟，煮出血水洗净，切成20块方块（每块约重75克）。

2．锅洗净，用竹篾子垫底，先铺上葱结、姜块，然后将猪肉（皮朝下）整齐地排在上面，加黄酒、酱油、白糖与水，盖上锅盖，用旺火烧开，改用小火焖2.5小时左右，把肉逐一翻身皮朝上，收汁，再将收好汁的肉逐块放入瓦罐内，上笼蒸制15分钟即可。

成品特点： 色泽红亮，油而不腻，酥而不烂。

制作关键：

1．焖制时肉皮一定要朝下摆放。

2．焖制过程中不要用勺子翻动。

营养价值： 猪肉含有蛋白质、脂肪、碳水化合物、膳食纤维、维生素A、胡萝卜素、丰富的维生素B等。

保健功能： 猪肉对于儿童的生长发育很重要。猪肉含有丰富的优质蛋白质和必需的脂肪酸，并提供血红素（有机铁）和促进铁吸收的半胱氨酸，能改善缺铁性贫血。

【典故】 宋哲宗元祐四年（1089年），苏轼来到阔别十五年的杭州任知州。元祐五年五六月间，浙西一带大雨不止，太湖泛滥，庄稼大片被淹。由于苏轼及早采取有效措施，使浙西一带的人民度过了最困难的时期。他组织民工疏浚西湖，筑堤建桥，使西湖旧貌换新颜。杭州的老百姓很感谢苏轼做的这件好事，人人都夸他是个贤明的父母官。听说他在徐州、黄州时最喜欢吃猪肉，于是到过年的时候，大家就抬猪担酒来给他拜年。苏轼收到后，便指点家人将肉切成方块，烧得红酥酥的，然后分送给参加疏浚西湖的民工们吃，大家吃后无不称奇，把他送来的肉都亲切地称为“东坡肉”。

火腿蚕豆

烹调方法：炒　　菜系：杭州菜　　编号：03

原料

主料：鲜嫩蚕豆300克。

辅料：熟火腿上方75克。

调料：熟鸡油5克、黄酒10克、精盐2克、味精2克、白糖10克、淀粉10克、色拉油30克。

制作过程：

1．将火腿切成0.3厘米厚、1厘米见方的丁。

2．锅洗净加水，水沸后放入蚕豆，焯去豆腥味。

3．锅洗净加油，放入焯好水的蚕豆，翻炒十秒钟，放入火腿丁，加黄酒、精盐、清水，烧1分钟后加味精，最后加生粉勾芡，淋入鸡油出锅。

成品特点：红绿相间，色泽鲜艳，清香鲜嫩，回味甘甜。

制作关键：蚕豆一定要焯水去除豆腥味。

营养价值：蚕豆中含有调节大脑和神经组织的重要成分钙、锌、锰、磷脂等，并含有丰富的胆石碱，有增强记忆力的健脑作用。火腿含有人体需要的蛋白质、脂肪、碳水化合物、各种矿物质和维生素等营养，且各种营养成分易被人体所吸收。

保健功能：蚕豆中的蛋白质可以延缓动脉硬化，蚕豆皮中的粗纤维有降低胆固醇、促进肠蠕动的作用。同时蚕豆也是抗癌食品之一，对预防肠癌有一定的作用。火腿具有养胃生津、益肾壮阳、固骨髓、健足力、愈创口等作用。

鸡汁银鳕鱼

烹调方法：脆熘　菜系：杭州菜　编号：04

原料

主料：净鳕鱼300克。

辅料：面粉100克、淀粉100克、吉士粉50克。

调料：鸡汁酱60克、姜末3克、精盐3克、味精2克、淀粉10克、白糖3克、白醋5克、色拉油1000克（约耗65克）。

制作过程：

1. 将鳕鱼切成长5厘米、宽3厘米、厚1厘米的块。面粉、淀粉、吉士粉（4∶4∶2）加清水、精盐制成糊。

2. 将切好块的银鳕鱼用精盐、姜汁水腌渍5分钟。

3. 锅烧热加入色拉油，待油温升至四成热时，将鳕鱼逐块蘸面糊下入油锅中炸制，熟后备用。

4. 另起锅，放入鸡汁酱、白糖、白醋调好味，用湿淀粉勾芡，淋亮油，浇在炸好的银鳕鱼块上。

成品特点：成菜色泽黄亮，鱼肉鲜嫩，口味酸甜辣。

制作关键：

1. 鱼块大小均匀一致。

2. 油温要掌控好，不可炸焦。

营养价值：鳕鱼低脂肪、高蛋白，刺少，是老少皆宜的营养食品，鳕鱼鱼脂中含有球蛋白、白蛋白及磷蛋白，含有儿童发育所必需的各种氨基酸，含有不饱和脂肪酸和钙、磷、铁、B族维生素等。

保健功能：中医认为鳕鱼味甘性寒，有消炎、治便秘之功效。

【说明】鳕鱼是海洋里的一种鱼，躯体硕大而浑圆，肉质肥厚，是近年来很受欢迎的海鲜品种。鳕鱼的肝还是鱼肝油的主要原料。通常我们用清蒸等手段对鳕鱼进行烹饪加工，为的是原汁原味地品尝鳕鱼肉的那份鲜美和厚实的口感。这道“鸡汁银鳕鱼”的制作一反我们习惯的方法而采用脆熘的烹调方法，保持了鱼肉的鲜嫩，用鸡汁酱加工而成的浇汁又让鳕鱼别有风味。

叫花鸡

烹调方法：烤　菜系：杭州菜　编号：05

原料

主料：净本鸡1只约1250克。

辅料：猪腿肉100克、京葱25克、桃花纸1张、鲜荷叶2张、麻绳4米、玻璃纸1大张、酒坛泥3000克。

调料：山奈粉2克、精盐152克、白糖5克、黄酒75克、酱油35克、猪油250克、胡椒粉2克、小葱5克、生姜5克。

制作过程：

1．将鸡洗净，剁去鸡爪，取出鸡腿、鸡翅的主骨。将酒坛泥砸碎，加入黄酒沉渣、精盐（150克）和清水拌匀。

2．将葱姜、胡椒粉、山奈粉、白糖、味精、黄酒、酱油、精盐、小葱、生姜、清水与鸡放入碗内，腌渍30分钟。

3．将猪腿肉、京葱切成丝。炒锅置旺火上烧热，用油滑锅后，下熟猪油，放入肉丝、京葱丝煸透，加酱油、精盐、黄酒、白糖炒熟，装盘待用。

4．玻璃纸两张，里面垫上一小块荷叶，腌渍好的鸡放在荷叶上，先将炒熟的京葱肉丝填入鸡腹，再将腌鸡的汁一起倒入，放上猪油，鸡头紧贴胸部扳到鸡腿中间，再把鸡腿扳到胸部，两翅翻下使之抱住颈和腿，用玻璃纸包紧，然后用荷叶包裹，接着用麻绳扎紧，把酒坛泥裹紧鸡身（涂泥厚约2.5厘米，要求薄厚均匀，以免出现煨焦或不熟的现象），再包上桃花纸，以防煨烤时泥土裂开脱落。

5．采用烘箱，先用260℃高温，烤制1个小时；降温至180～200℃时，烤制1个小时；再降温至100℃时，再烤制1个小时。

成品特点：鸡肉酥嫩、香气诱人。

制作关键：

1．包裹的时候一定要裹紧，以免汤汁漏出。

2．煨烤中要注意使泥团中的鸡腹朝上，防止油漏出流失。

3．掌握好烤制的温度与时间。

营养价值：母鸡肉蛋白质的含量较高，种类多，而且消化率高，很容易被人体吸收利用。

保健功能：有增强体力、强身壮体的作用，对营养不良、畏寒怕冷、乏力疲劳、月经不调、贫血、虚弱等有很好的食疗作用。

【典故】关于叫花鸡的来历，还有一段传说。相传在明末清初，常熟虞山麓有一叫花子，某天偶得一鸡，却苦无炊具调料，无奈之中，便将鸡宰杀去除内脏，带毛涂上泥巴，取枯枝树叶堆成火堆，将鸡放入火中煨烤，待泥干成熟，敲去泥壳，鸡毛随壳而脱，香气四溢，叫花子大喜过望，遂抱鸡狼吞虎咽起来，正好隐居在虞山的大学士钱牧斋路过，闻到香味就尝了一下，觉得味道独特，回家命其家人稍加调味如法炮制，味道更是鲜美无比。后来，这种烹制方法就在民间流传开来，大家把用这种方法烹制出来的鸡叫“叫花鸡”。再以后，这种做法被菜馆中的人学去，对其制法亦精益求精，并增添了多种调味辅料，因此赢得了众多食者的赞赏，名声远扬，慕名品尝者，常年络绎不绝。

金牌扣肉

烹调方法：焖、蒸　菜系：杭州菜　编号：06

原料

主料：猪五花肉约1000克。

辅料：笋干200克、菜心100克。

调料：鸡精3克、味精3克、白糖50克、精盐5克、酱油20克、黄酒80克、淀粉15克、小葱50克、生姜50克。

制作过程：

1．锅洗净放油，加入生姜、小葱、洗净的五花肉（皮朝下）、黄酒、酱油、白糖与开水，再加入切成寸段的水发笋干一起红烧，烧开后用文火焖1个小时，捞出用重物压住，放入-18℃恒温冷冻10个小时。

2．把压好的肉先切成12厘来见方的块，再片成0.2厘米的片，把片好的肉还原，放入模具，加入烧好的笋干，压实加上原汤，盖上盖子，上笼蒸2小时。

3．把蒸好的肉扣在盘子上，把氽好的菜心围在肉的边上即可。

成品特点：造型美观、酥而不烂、油而不腻。

制作关键：

1．五花肉要上色。

2．刀工要精细，先切成12厘米见方，再片成0.2厘米的片，做成宝岛形。

营养价值：同本书第6页（东坡肉）。

保健功能：同本书第6页。

【说明】扣肉是我们都已很熟悉的一道菜，像过去那样整块地端上来，风格豪放，吃起来也痛快，但似乎缺少了一点文雅之气。古人说，食不厌精，脍不厌细，说的不仅是选料精致，也包括制作精细。这道菜不仅体现了时下的口味，也充分显示了厨师刀工的精细。

龙井虾仁

烹调方法：炒　菜系：杭州菜　编号：07

原料

主料：西湖青虾1000克。

辅料：西湖龙井茶叶3克、鸡蛋清1个。

调料：淀粉40克、姜汁水2克、精盐3克、味精2克、黄酒10克、色拉油750克（约耗65克）。

制作过程：

1．将虾去壳，挤出虾肉，盛入碗中，用清水反复搅洗至虾仁雪白，加入精盐、鸡蛋清、姜汁水，用筷子搅拌至有黏性时，加入味精、湿淀粉拌匀，置1小时，使调料渗入虾仁，待用。

2．龙井新茶用沸水50毫升泡开（不要加盖），放1分钟，滗出茶汁30毫升，剩下的茶叶和余汁待用。

3．炒锅置中火上烧热，滑锅后下色拉油，至四成热时，放入虾仁，并迅速用筷子划散，至虾仁呈玉白色时，倒入漏勺沥去油。再将虾仁倒入锅中，迅速烹入黄酒，倒入茶叶和余汁颠翻出锅装盘。

成品特点：虾仁白嫩，茶叶翠绿，色泽淡雅，味美清鲜。

制作关键：

1．虾仁的上浆是关键。

2．炒此菜时一定要时间短、动作快，才能保证虾仁的滑嫩。

营养价值：虾仁富含蛋白质、氨基酸和钙、磷、铁等矿物质，虾类含有甘氨酸，这种氨基酸的含量越高，虾的甜味就越高。虾壳中含有虾青素；绿茶含多种维生素。

保健功能：虾肉肉质松软，易消化，对身体虚弱以及病后需要调养的人是极好的食物；能很好保护心血管系统；通乳作用强；有助于消除因时差反应而产生的“时差症”。

绿茶中含有多种维生素，并有降低胆固醇、软化血管等功能。是一道有助于健康的食品，特别适合儿童和老人食用。

【典故】相传，清朝乾隆皇帝下江南时，恰逢清明时节，他将当地官员进献的龙井新茶带回行宫。当时，厨师正准备烹炒“白玉虾仁”，闻着皇帝赐饮的茶叶散发出的一股清香，他突发奇想，便将茶叶连汁作为作料倒进炒虾仁的锅中，烧出了此道名菜。杭州的厨师听到此传闻，即仿效烧出了富有杭州地方特色的“龙井虾仁”。

钱江肉丝

烹调方法：炒　菜系：杭州菜　编号：08

原料

主料：猪里脊肉150克。

辅料：小葱100克、生姜20克、鸡蛋1只。

调料：麻油5克、辣油10克、甜面酱30克、酱油10克、精盐2克、白糖10克、味精3克、黄酒10克、色拉油750克（耗约50克）。

制作过程：

1. 将猪里脊切成12厘米长、火柴棒粗细的丝。

2. 把肉丝放入碗中上浆，加黄酒、精盐抓上劲，加入三分之一个蛋清，加入湿淀粉。

3. 把小葱、生姜切成丝，垫在盘底。

4. 锅内放油，烧至两成热时，倒入里脊丝，划散后出锅。

5. 锅内放入甜面酱、料酒、酱油、白糖，加清水炒制，待沸起加入味精并勾芡，然后放入里脊丝翻炒，淋上辣油出锅。

6. 把炒好的肉丝放在事先放好的葱丝上，上面再放少许葱丝姜丝即可。

成品特点：

1. 肉丝红亮，姜丝、葱丝呈黄绿色。

2. 酱香扑鼻，咸鲜微辣。

制作关键：

1. 讲究刀工精细，肉丝须均匀。

2. 掌握好肉丝上浆。

3. 滑油时油温要掌握恰当，以免滑不散结块或脱浆。

营养价值：猪肉具有蛋白质、脂肪、磷、钙等营养成分。

保健功能：猪肉具有滋阴润燥、补虚养血、润肠胃、生津液的功效。

砂锅鱼头豆腐

烹调方法：烧　菜系：杭州菜　编号：09

原料

主料：鳙鱼头1500克、豆腐500克。

辅料：熟笋片75克、水发香菇25克、青蒜25克。

调料：味精3克、酱油75克、熟猪油250克（约耗125克）、姜末3克、小葱5克、黄酒25克、白糖10克、豆瓣酱25克。

制作过程：

1. 将鳙鱼头洗净，去掉牙齿，在近头背部肉上深切两刀，鳃盖肉上（鱼脸上）剁两刀，胡桃肉上切一刀。豆腐切成骨排块，笋切片，香菇去蒂切片，青蒜切成寸金条。

2. 锅洗净下色拉油，切好的豆腐煎成两面金黄。

3. 鱼头正面刷上酱油，里面刷一层塌碎的豆瓣酱。

4. 炒锅置旺火上烧热，至六成热时将鱼头正面下锅煎至起皮，加入黄酒、酱油、白糖，热水烧开后，加入姜末、葱结煮制约15分钟后，放入豆腐、笋片、香菇再煮约10分钟起锅装入砂锅。

5. 炒锅洗净加油，煸香青蒜放在鱼头上即可。

成品特点：油润滑嫩，滋味鲜美，汤醇味浓，清香四溢，冬令佳品，是浙江杭州的特色传统名菜。

制作关键：

1. 鱼头上要剞刀，便于入味与成熟。

2. 掌握好烧制时间。

营养价值：豆腐是植物食品中含蛋白质比较高的，含有8种人体必需的氨基酸，还含有动物性食物缺乏的不饱和脂肪酸、卵磷脂等。脂肪含量较低，且多为不饱和脂肪酸。

鳙鱼属于高蛋白、低脂肪、低胆固醇的鱼类，含有维生素B_2、维生素C、钙、磷、铁等营养物质。

保健功能：豆腐作为食药兼备的食品，具有益气、补虚等多方面的功能。鳙鱼头性温、味甘，有健脑的作用。同时有健脾补气、温中暖胃、散热的功效，尤其适合冬天食用。可治疗脾胃虚弱、食欲减退、瘦弱乏力、腹泻等症状；还具有暖胃、补气、泽肤、乌发、养颜等功效。

【典故】据说，有一年初春乾隆皇帝来到杭州，穿便服上吴山游玩。恰遇大雨，他逃至半山腰一户人家的屋檐下避雨。雨久不停，乾隆又冷又饿，便推门入屋要求供饭。心地善良的主人王小二是饮食店的伙计，见此状十分同情，无奈家中十分贫困，只好东拼西凑，将仅有的一块豆腐一半用来烧菠菜，余下的用半片鱼头放在砂锅中炖了给他吃。饥寒交困的乾隆，早已饿得肚子咕咕叫，眼见这热腾腾的饭菜，便狼吞虎咽地吃个精光。他觉得味道特别好，回京后还念念不忘这顿美餐。第二次乾隆来杭，又去王小二家，时逢春节，王小二却失业在家。乾隆为报答一餐之赠，赐银两助王小二在后街吴山脚下开了一爿叫“王润兴”的饭店，又亲笔题了“皇饭儿”三个字。王小二精心经营，专门供应鱼头豆腐等菜肴。顾客慕名而来，生意十分兴隆，杭州各店也争相效仿，鱼头豆腐就成为历久不衰的杭州传统名菜了。

宋嫂鱼羹

烹调方法：烩　菜系：杭州菜　编号：10

原料

主料： 鳜鱼1条约600克。

辅料： 香菇25克、熟笋25克、熟火腿10克、鸡蛋2个、葱丝5克、姜丝5克。

调料： 清汤250克、酱油25克、米醋25克、黄酒30克、精盐3克、味精3克、胡椒粉2克、湿淀粉30克、葱段25克、姜块25克、色拉油10克。

制作过程：

1．将鳜鱼剖洗干净，去头，沿脊背片成两爿，去掉脊骨及肚裆，将鱼肉皮朝下放在盆中，加入黄酒、精盐、味精、胡椒粉、葱段与姜块腌制，上蒸笼用旺火蒸6分钟取出，拣去葱段、姜块，卤汁滗在碗中。把鱼肉拨碎，除去皮、骨，倒回原卤汁碗中。

2．将熟火腿、熟笋、香菇均切成约4厘米长的细丝，鸡蛋黄打散，待用。

3．将炒锅置旺火上，加油，投入葱段、姜块煸出香味，加入黄酒、清汤，拣去葱姜，放入鱼肉、笋丝、香菇丝，加入酱油、精盐、味精，烧沸后用湿淀粉勾薄芡，然后，将鸡蛋黄液倒入锅内搅匀，待羹汁再沸时加入醋起锅装盆，撒上熟火腿丝、姜丝、葱丝和胡椒粉即成。

成品特点： 配料讲究，色泽黄亮，鲜嫩滑润，味似蟹羹，故有“赛蟹羹”之称，是杭州的传统风味名菜。

制作关键：

1．选用刺少肉多的鳜鱼，蒸熟后去除骨刺，鱼肉剔取尽量保持片状，不要太散碎。

2．勾芡时锅离火，均匀适度，不能出现粉块状。

3．淋蛋液要慢，边淋边搅，形成蛋片状。

营养价值： 鳜鱼富含蛋白质，脂肪含量低，并含有人体所必需的8种氨基酸、少量维生素、钙、钾、镁、硒等营养元素。

保健功能： 鳜鱼肉质细嫩，极易消化，对儿童、老人及体弱、脾胃消化功能不佳的人来说，吃鳜鱼既能补虚又助于消化；吃鳜鱼有杀“痨虫”的作用，有利于肺结核病人的康复。

【典故】 南宋时期流传下来的佳肴，汤鲜味美，柔滑的滋味可比蟹肉羹汤，更因为受到宋高宗的赞赏而扬名于杭州城。据说菜名中的宋嫂是真有其人，她原是北宋汴京（今河南开封）的一位民间女厨师，以擅长制作鱼羹而闻名汴京，因为嫁给宋家排行老五的先生，而被大家昵称为宋五嫂。

北宋改朝换代至南宋时，朝廷迁都临安（今杭州），宋五嫂一家也跟着南迁，并在西湖苏堤下继续卖鱼羹，以维持生计。一日，宋高宗乘船游西湖，船泊苏堤下，身旁服侍的老太监听见有人以汴京口音叫卖，多瞧了几眼，就认出这人竟是当年在故乡卖鱼羹的宋五嫂。宋高宗一听，油然升起他乡遇故知的情怀，于是召宋五嫂上船觐见，并且命她端上拿手的鱼羹来献。高宗一面享用鱼羹，一面与宋五嫂聊起家乡事，两人相谈甚欢，所有的前尘旧事都涌上心头，让这碗美味的鱼羹更添了一份家乡情！高宗于是对鱼羹赞誉有加，特别赏赐纹银百两给宋五嫂，这事一传开，“宋嫂鱼羹”就此扬名全杭州城。这段传说在俞平伯写的《双调望江南》中提到：“西湖忆，三忆酒边鸥。楼上酒招堤上柳，柳丝风约水明楼，风紧柳花稠。鱼羹美，佳话昔年留。泼醋烹鲜全带柄，乳莼新翠不须油，芳指动纤柔。”其中的鱼羹佳话，指的就是宋高宗与宋五嫂这一段故事。

笋干老鸭煲

烹调方法：炖　菜系：杭州菜　编号：11

原料

主料：老鸭1只约1500克。

辅料：水发笋干300克、火腿150克。

调料：胡椒粉5克、精盐10克、味精3克、黄酒20克、生姜50克、小葱50克。

制作过程：

1．先将水发笋干划成粗丝，切成段。

2．将老鸭宰好、洗净，去内脏，放入沸水锅焯去血污，洗净。

3．将老鸭、小葱、生姜、火腿、笋干、清水、黄酒放入砂锅内，用文火炖2～3小时，加入精盐、味精，撒上胡椒粉即可。

成品特点：是浙江杭州地区特色传统名菜之一，汤醇味浓，油而不腻，酥而不烂，生津开胃。

制作关键：掌握好火候及炖制时间。

营养价值：鸭肉中所含B族维生素和维生素E较其他肉类多，鸭肉中含有较为丰富的烟酸，它是构成人体内两种重要辅酶的成分之一。笋干中的植物纤维、糖类、蛋白、无机盐与老鸭的蛋白、脂肪经高温水解后重新组成含有多种氨基酸、多肽、多糖、无机盐的有利于人体吸收和转化的胶体。

保健功能：鸭子吃的食物多为水生物，故其肉性味甘、寒，入肺胃肾经，有大补虚劳、滋五脏之阴、清虚劳之热、补血行水、养胃生津、止咳自惊、消螺蛳积、清热健脾、消虚弱浮肿等功效；治身体虚弱、病后体虚、营养不良性水肿。鸭子能有效抵抗脚气病、神经炎和多种炎症，还能抗衰老。对心肌梗死等心脏疾病患者有保护作用。笋干具有开胃健脾、宽胸利膈、通肠排便、开嗝消痰、增强机体免疫力及防癌、抗癌作用。

【说明】笋干老鸭煲，又叫“张生记老鸭煲”，是一道取料方便、制作简单的汤菜，具有江南风味。我们知道，鸡鸭肉类的食物在烹饪过程中需要将其中的脂肪和蛋白质充分分解，这样不仅口感酥烂，便于进食，汤汁也味道鲜美醇厚，还易于吸收，所以用保温性能良好的砂锅，加上文火慢慢煨炖，就成为这道菜制作上的特点。江南历来有伏天吃鸭子滋补身子的习惯，加上新上市的笋干，不仅增添鲜味，而且能解除油腻，令口感清爽。

西湖醋鱼

烹调方法：软熘　菜系：杭州菜　编号：12

原料

主料：草鱼1条约700克。

调料：酱油75克、黄酒25克、米醋50克、白糖60克、姜末2克、淀粉50克、胡椒粉2克。

制作过程：

1．将鱼饿养1～2天，促其排泄尽草料及泥土味，使鱼肉结实，烹制前宰杀洗净。

2．将鱼身从尾部入刀，剖劈成雌、雄两爿（连脊髓骨的为雄爿，另一半为雌爿），斩去鱼牙。在雌爿剖面脊部厚肉处向腹部斜剞一长刀（深约4/5），不要损伤鱼皮。在鱼的雄爿上，切牡丹花刀，从离鳃盖4.5厘米开始，每隔4.5厘米左右斜片一刀（刀深约5.5厘米，刀口斜向头部，刀距及深度要均匀），共片5刀，在片第3刀时，在腰鳍后处切断，使鱼成两段。

3．炒锅内放清水用旺火烧开，先放雄爿前半段，再将鱼尾段接在上面，然后将雌爿与雄爿并放，鱼头对齐，鱼皮朝上(水不能淹没鱼头，使鱼的两根胸鳍翘起），盖上锅盖，待锅中水再沸时，启盖，撇去浮沫，转动炒锅，继续用旺火煮约3分钟起锅（用筷子轻轻地扎鱼的雄爿颌下部，如能扎入即熟）。

4．在煮好的鱼身上淋上黄酒、酱油后将鱼放入盘中，锅内加入水，再加酱油、白糖、米醋、淀粉进行勾芡，浇遍鱼的全身，撒上姜末即成。

成品特点：色泽红亮，酸甜适宜，鱼肉鲜美滑嫩，有蟹肉滋味。

制作关键：

1．鱼要沸水下锅，用筷子扎一下，若是轻松扎进去，即是熟了。

2．掌握好芡汁的调制。

营养价值：草鱼含有丰富的不饱和脂肪酸，对血液循环有利，是心血管病人的良好食物。草鱼也含有丰富的矿物质硒元素。

保健功能：草鱼具有暖胃和中、平肝祛风、治痹、截疟、益肠明目之功效，主治虚劳、风虚头痛、肝阳上亢、高血压、头痛、久疟。经常食用有抗衰老、养颜的功效，是心血管病人的良好食物；而且对肿瘤也有一定的防治作用。

【典故】西湖醋鱼是杭州的传统风味名菜。这道菜选用鲜活草鱼做原料，烹制前一般先要在鱼笼中饿养一天，使其排泄肠内杂物，除去泥土味。烹制时火候要求非常严格，仅能用三四分钟，烧得恰到好处。胸鳍竖起，鱼肉嫩美，带有蟹肉滋味，别具特色。

20世纪50年代，此菜以白堤上楼外楼菜馆蒋水根师傅烹调最为出色，曾多次为周恩来总理等中外贵宾宴请烹烧。

西湖醋鱼的创制相传出自“叔嫂传珍”的故事。说的是古时西湖边上住有宋氏兄弟，以打鱼为生，当地恶少赵大官人欲占其嫂，杀害宋兄，宋弟告官不成，宋嫂劝小叔外逃，制糖醋鱼为其饯行。后小叔得功名回杭，除暴安良，但宋嫂已逃遁无法寻找。偶然在官友处赴宴，宋弟又尝到这一酸甜味的鱼菜才知是嫂嫂杰作。原来嫂嫂隐居在官家当厨工，叔嫂终于团聚。后人传其事，仿其法烹制醋鱼，成为杭州传统名菜。

据史料记载，1929年西湖博览会前，杭州城里供应的只有“五柳鱼”和“醋熘块鱼”，其制法与清时袁枚所撰《随园食单》记载的“醋搂鱼”相似。之后经改进出现了“醋熘全鱼”，新中国成立以后“醋熘全鱼”改名为“西湖醋鱼”。

蟹酿橙

烹调方法：炒、蒸　菜系：杭州菜　编号：13

原料

主料：蟹肉250克、黄熟大甜橙10只约1000克。

调料：姜末2克、杭白菊10朵、香雪酒200克、精盐5克、淀粉10克、白糖10克、芝麻油15克、米醋50克。

制作过程：

1. 将甜橙洗净，在顶端用三角刻刀刺出一圈锯齿形，揭开上盖，取出橙肉和汁水，除去橙核和筋渣。

2. 将炒锅置中火上，下入芝麻油，投入姜末炒香，蟹粉煸炒，加入香雪酒、白糖、米醋、甜橙肉及橙汁，加湿淀粉勾芡，淋上明油待用。

3. 取深碗，分别加入杭白菊、香雪酒、米醋，放入刻好的橙子，把炒好的馅料放入橙子中，盖上盖子，上笼蒸制10分钟即可。

成品特点：其味鲜香，其形艳美，酒醇菊香，风味独特，后味醇浓。

制作关键：

1. 用小刀垂直将中间的橙瓤挖出。

2. 注意小刀不要用力过猛，防止把橙弄破。

营养价值：含有丰富的蛋白质及微量元素，对身体有很好的滋补作用。

保健功能：蟹增强人体免疫力，通乳汁，缓解神经衰弱，有利于病后恢复，预防动脉硬化，消除“时差症”。

【典故】蟹酿橙这道菜在宋代又叫“橙瓮”，因为橙子中空，口小腹大，跟瓮确实有点儿像。据说宋朝最讲究的厨师做橙瓮时一定不用整只蟹，也坚决不用蟹黄蟹膏，只从蟹的双螯里挑出那一点点蟹肉（某些宋朝食客误以为蟹螯才是蟹身上最美味的部分），别的部位全部扔掉（参见司膳内人《玉食批》）。

蟹汁鳜鱼

烹调方法：油浸　菜系：杭州菜　编号：14

原料

主料： 鳜鱼1条约1500克。

辅料： 蟹粉 100克、蟹黄50克、火腿末25克。

调料： 黄酒5克、米醋10克、胡椒粉3克、精盐5克、味精5克、淀粉10克、蛋清35克、牛奶250克、姜末 10克、色拉油15克。

制作过程：

1．鳜鱼两面剞牡丹花刀，用精盐、黄酒、葱姜腌渍5分钟。

2．起油锅，烧至四成热时，放入鳜鱼，温油浸熟捞起。

3．在锅中留少许油，加入姜末炒出香味，加入黄酒、蟹粉、蟹黄、牛奶炒，加入精盐、味精、胡椒粉，用湿淀粉勾芡，淋入鸡蛋清推匀，淋上明油装入碗内。

4．把碗内的芡汁浇在鳜鱼身上，撒上火腿末即可。

成品特点： 鲜浓滑嫩，有牛奶的芳香。

制作关键： 剞花刀时要注意深度。

营养价值： 鳜鱼富含蛋白质，脂肪含量低，并含有人体必需的8种氨基酸，少量维生素、钙、钾、镁、硒等营养元素。

保健功能： 鳜鱼肉质细嫩，极易消化，对儿童、老人及体弱、脾胃消化功能不佳的人来说，吃鳜鱼既能补虚又助于消化；吃鳜鱼有杀“痨虫”的作用，有利于肺结核病人的康复。

油爆大虾

烹调方法：烹　菜系：杭州菜　编号：15

原料

主料：西湖青虾350克。

调料：黄酒15克、米醋15克、酱油20克、白糖25克、葱段2克、色拉油750克（约耗70克）。

制作过程：

1．将虾剪去钳、须、脚，洗净沥干水。

2．炒锅下色拉油，旺火烧至七成热时，将虾入锅，用手勺不断推动，约炸至5秒即用漏勺捞起，待油温回升至六成热时，再将虾倒入复炸10秒钟，使肉与壳分开，用漏勺捞出。

3．将锅内油倒出，放入葱段略煸，倒入虾，烹入黄酒，加酱油、白糖，颠动炒锅烹入米醋，出锅装盘，放上葱段即可。

成品特点：虾壳红艳松脆，若即若离，入口一舔即脱，虾肉鲜嫩，略带甜酸，风味独特，是杭州传统名菜。

制作关键：

1．掌握好油温。

2．掌握好酱油、白糖、米醋的量。

营养价值：虾肉富含蛋白质、氨基酸和钙、磷、铁等矿物质，虾类含有甘氨酸，这种氨基酸的含量越高虾的甜味就越高，虾壳中含有虾青素，味道鲜美、营养丰富。

保健功能：虾肉肉质松软，易消化，对身体虚弱以及病后需要调养的人是极好的食物；能很好保护心血管系统；通乳作用强；有助于消除因时差反应而产生的“时差症”。

油焖春笋

烹调方法：焖　菜系：杭州菜　编号：16

原料

主料：净嫩春笋500克。

调料：酱油100克、白糖25克、花椒2克、芝麻油15克、味精2克、熟菜油75克。

制作过程：

1．将春笋去壳洗净，对剖开，用刀拍松，切成5厘米长的段。

2．将炒锅置中火上，下入熟菜油，烧至五成热时，投入花椒，炸香后捞出，随即将春笋下锅煸炒2分钟，加入酱油、白糖和清水，改用小火焖烧5分钟，见汤汁浓稠后，放入味精，淋上芝麻油即成。

成品特点：色泽红亮、鲜嫩爽口、略带甜味。

制作关键：

1．春笋喜油，炒制的时候稍稍多放一点油。

2．春笋要焖制入味。

营养价值：春笋味清而淡，营养丰富，含有充足的水分、植物蛋白、脂肪、糖类、钙、磷、铁等人体必需的营养成分和微量元素，其中含量较高的是纤维素、氨基酸。

保健功能：益气和胃，治消渴，利水，利膈爽胃。

斩鱼圆

烹调方法：汆　菜系：杭州菜　编号：17

原料

主料： 净草鱼肉425克。

辅料： 熟火腿20克、水发香菇1朵。

调料： 黄酒15克、精盐10克、味精2克、熟猪油20克、葱段5克、姜汁水2克、熟鸡油10克。

制作过程：

1. 将净草鱼肉切薄片、切丝，切成绿豆大小的粒，放入碗内，分两次加入清水500克和精盐8克，向同一方向搅拌，至鱼蓉有黏性并见细泡时，放在阴凉处。火腿15 克切薄片、5克切末。

2. 把涨好的鱼蓉加入黄酒、姜汁水、熟猪油、火腿末、味精搅匀，静置30分钟。取炒锅1只，放入冷水，然后用左手抓起鱼蓉轻轻握拳，使鱼蓉从虎口（大拇指和食指的中间）挤出，用右手逐个下入锅内，成直径为4厘米左右的鱼圆。然后把锅移至中火上，渐渐加热，快要沸时，即加入冷水（否则鱼圆外老里生），并随时撇去浮沫，用手勺轻轻地翻动，至鱼圆呈玉白色时，将锅移至微火上“养”5分钟。再移至旺火上，待汤水中间顶起即起锅。

3. 取荷叶碗1只，放入精盐、味精，将鱼圆连汤盛入碗内，放上火腿片、冬菇、葱段，淋上熟鸡油即成。

成品特点： 鱼肉颗大松嫩，香鲜油润爽滑。

制作关键：

1. 掌握好鱼蓉、水、盐的比例。

2. 鱼圆冷水下锅，全部挤完再用中火加热。

营养价值： 草鱼含有丰富的不饱和脂肪酸，丰富的硒元素；香菇具有高蛋白、低脂肪、多糖、多种氨基酸和多种维生素。火腿内含丰富的蛋白质和适度的脂肪，十多种氨基酸，多种维生素和矿物质。

保健功能： 草鱼对血液循环有利，是心血管病人的良好食物，并具有暖胃和中、平肝祛风、治痹、截疟、益肠明目之功效。香菇具有降血脂、降血压的功效。火腿具有养胃生津、益肾壮阳、固骨髓、健足力、愈创口等作用。

【典故】 斩鱼圆是一道浙江的特色名菜。鱼圆的产生传说与秦始皇有关。秦始皇酷爱食鱼却又怕刺，不少御膳名厨师，因此而沦为厉怒之下的冤鬼。有位御厨名师，眼看厄运临头，他把对秦始皇的愤恨发泄于鱼，用刀狠剁案板上的鱼块，却意外地发现鱼刺从斩击成蓉的鱼肉中披露出来。传膳声中他急中生智，将鱼蓉一团团地挤入将沸的豹胎汤中，洁白、鲜嫩的鱼圆漂浮汤面，食之鲜美异常，这位厨师也因祸得福受嘉奖。此后，这个方法辗转传到民间，老百姓称为“鱼圆”“鱼丸”等。据说杭州的斩鱼圆也缘于此，由于制作讲究、鱼圆颗粒大、入口松嫩，更富有特色。

竹叶仔排

烹调方法：蒸　菜系：杭州菜　编号：18

原料

主料：仔排400克，糯米200克。

辅料：粽叶10张、麻绳10根。

调料：酱油20克、黄酒5克、白糖5克、味精5克、排骨酱20克、海鲜酱30克。

制作过程：

1. 洗净的仔排切成段，放入盆内，加入黄酒、酱油、白糖、味精、海鲜酱、排骨酱充分拌匀放置1小时。

2. 糯米用清水泡3小时。

3. 糯米浸泡后与仔排一起拌匀，用麻绳将粽叶包好，上笼用旺火蒸制2小时后装盘。

成品特点：软糯可口，清香味美。

制作关键：

1. 包扎要紧。

2. 糯米浸泡要掌握好时间与浸泡效果。

营养价值：竹叶中含有大量的黄酮类化合物和生物活性多糖及其他有效成分。排骨含有蛋白质、脂肪、维生素、磷酸钙、骨原胶等。

保健功能：可为老人与幼儿提供钙质，还具有滋阴壮阳、益精补血的功效。

百鸟朝凤

烹调方法：炖　菜系：杭州菜　编号：19

原料

主料：净嫩鸡1只约1250克。

辅料：火腿肉100克、虾仁100克、菜心75克、上白面粉100克、生膘油50克、黑芝麻2克。

调料：精盐15克、鸡精5克、胡椒粉3克、小葱10克、生姜5克、黄酒25克。

制作过程：

1．将鸡放在沸水锅中进行出水，捞出洗净待用。锅内加清水，放入洗净的鸡、葱结、姜片、火腿片、黄酒，用大火烧开，改小火炖制酥熟。

2．虾仁剁成粒，加入膘油、精盐、鸡精、胡椒粉、生姜拌匀制成馅心。把面粉加水揉成面团，擀成水饺皮，包入馅心制成鸟形水饺，蒸熟待用。

3．炖好的鸡拣去姜块、葱结，下入菜心，撇去浮沫，加入精盐和味精，盛入大碗中，把蒸好的鸟形水饺放在鸡的边上即可。

成品特点：菜形美观，鸡肉肥嫩，软烂香酥；饺子形美，馅软皮滑，鲜香味美。

制作关键：

1．制馅时要搅拌起黏性，这样效果最佳。

2．炖制时间和火候要掌握好。

营养价值：鸡肉蛋白质的含量较高，母鸡肉含有对人体生长发育有重要作用的磷脂类，是国人膳食结构中脂肪和磷脂的重要来源之一。

保健功能：鸡肉对营养不良、畏寒怕冷、乏力疲劳、月经不调、贫血、虚弱等有很好的食疗作用。

脆皮鱼

烹调方法：脆熘　菜系：杭州菜　编号：20

原料

主料：鲤鱼1条约750克。

辅料：香菜5克、淀粉100克。

调料：酱油15克、黄酒10克、米醋30克、小葱5克、生姜5克、味精2克、鸡精2克、精盐15克、白糖25克、泡椒3克、色拉油1000克（约耗100克）。

制作过程：

1．鲤鱼宰杀洗净，鱼两面剞花刀，放入碗内，加黄酒、精盐、小葱、生姜腌制20分钟。

2．锅内放油，腌制好的鱼拍粉，把生粉均匀地拍在鱼身上，用筷子托住鱼头，手拿鱼尾，放入六成热的油锅炸制（约七八分钟），炸至金黄色捞出。

3．锅内加入水、黄酒、酱油、白糖、米醋、泡椒，水开后湿淀粉勾芡，最后淋上油，浇在鱼身上，放上香菜点缀即可。

成品特点：外脆里嫩，口味酸、甜、辣。

制作关键：拍粉均匀，控制油温，调好芡汁。

营养价值：鲤鱼含有丰富的蛋白质、脂肪、不饱和脂肪酸、胆固醇、维生素A、维生素B、钾、磷、钙、钠、硒、碘、锌等。

保健功能：鲤鱼易消化，能增强机体免疫力，适合儿童、老人及体弱、脾胃消化功能不佳的人食用，还能护肤、抗衰老、预防早产。

蛋黄青蟹

烹调方法：炒　菜系：杭州菜　编号：21

原料

主料：青蟹500克。

辅料：咸蛋黄100克。

调料：黄酒5克、精盐3克、味精3克、色拉油15克。

制作过程：

1. 先将新鲜青蟹用刷子洗刷干净后，切成蟹块，将小包装的咸蛋黄上锅蒸熟后，碾碎成咸蛋黄泥。

2. 加工好的青蟹放入碗中，加料酒、精盐、味精，腌制2~3分钟。再将蟹块拍上生粉，入三成热油锅炸至变色后捞出。

3. 锅内加油，倒入已经蒸熟碾碎的蛋黄泥，翻炒均匀。

4. 将蛋黄泥翻炒均匀后包裹上青蟹壳，余下的蛋黄泥放入刚才炸熟的蟹块翻炒，使蛋黄均匀地沾裹在蟹块上即可。

成品特点：蟹肉鲜咸、蛋香浓郁，是杭州的美食。

制作关键：

1. 咸蛋黄要蒸熟后再碾碎。

2. 咸蛋黄要炒至光润。

营养价值：青蟹的营养价值高，含有丰富的微量元素，大量优质的蛋白质、脂肪、磷脂、维生素A、维生素E、胶原蛋白、钙、磷等多种人体必需的营养成分。但是由于胆固醇、脂肪含量较高，所以冠心病、高血压、动脉硬化、高血脂患者应少吃或不吃蟹黄。

保健功能：具有壮腰补肾、消积健脾、养心安神的功能。

风味牛柳卷

烹调方法：炸　菜系：杭州菜　编号：22

原料

主料：牛柳400克。

辅料：豆腐皮5张、面包糠250克、鸡蛋1个、淀粉30克、香菜25克。

调料：黄酒10克、精盐2克、味精2克、湿淀粉5克、色拉油1000克（约耗70克）。

制作过程：

1．先将牛里脊切成丝，将切好的牛肉丝上浆，加黄酒、精盐上劲，加入三分之一的蛋清，加入湿淀粉，静置10～15分钟。

2．锅烧热，加入油滑锅，下入牛肉丝，滑熟出锅。

3．在豆腐皮上放入牛柳、香菜卷成筒状，用湿淀粉封口。

4．把卷好的牛柳卷生坯依次拍上淀粉、沾上鸡蛋液、裹上面包糠。

5．起油锅，待油温升至六成热时，放入牛柳卷炸至金黄色，出锅沥干油。

6．将炸好的牛柳卷改刀装盘即可。

成品特点：牛柳滑嫩爽口，有香菜的特有清香，口味别具一格。

制作关键：

1．炸制时控制好油温，以免炸焦。

2．在制作卷时，一定要卷紧，以免炸制时散开。

营养价值：牛肉含有丰富的蛋白质，氨基酸组成比猪肉更接近人体需要，能提高机体抗病能力，对生长发育及手术后、病后调养的人在补充失血和修复组织等方面特别适宜。寒冬食牛肉有暖胃作用，为寒冬补益佳品。

保健功能：牛肉有补中益气、滋养脾胃、强健筋骨、化痰息风、止渴止涎的功能。适用于中气下陷、气短体虚、筋骨酸软、贫血久病及面黄目眩之人食用。

干炸响铃

烹调方法：炸　菜系：杭州菜　编号：23

原料

主料：泗乡豆腐皮5张。

辅料：鸡蛋1个、肉末50克。

调料：葱白10克、花椒盐5克、甜面酱50克、味精2克、精盐2克、黄酒3克、色拉油750克（约耗90克）。

制作过程：

1. 肉末放入碗内，加入黄酒、精盐、味精和蛋黄拌成肉馅。

2. 取豆腐皮一张，把肉馅均匀涂在豆腐皮的下端，卷成筒状，切成3.5厘米长的段。

3. 炒锅置中火上，下色拉油烧至五成热时，将腐皮卷放入油锅，用手勺不断翻动，炸至黄亮、松脆（要求不焦、不软、不坐油），用漏勺捞出，沥干油，装入盘内即成。上席随带甜面酱、葱白段、花椒盐蘸食。

成品特点：色泽黄亮，鲜香味美，脆如响铃。

制作关键：

1. 油温要控制好，不能炸焦，也不能坐油。

2. 豆腐卷一定要将开口封牢，以免炸时影响成菜质量。

3. 炸响铃时用手勺不断翻搅，以防互相粘在一起。

营养价值：豆腐皮营养丰富，蛋白质、氨基酸含量高，还有铁、钙、钼等人体所必需的18种微量元素。猪肉同本书第6页（东坡肉）。

保健功能：豆腐皮味甘性凉，具有益气和中、生津润燥、清热下火的功效，可以消渴解酒等。猪肉同本书第6页。

【典故】相传，有位侠客在一家饭馆中专点此菜下酒，但不巧这天原料中所需的油豆皮刚刚用完了，可这位侠客却有不达目的决不罢休之势。听说油豆皮在泗乡定制，便立刻反身出店跃马挥鞭，把豆腐皮从那里取了回来。店家为他如此钟爱此菜所感动，倍加用心烹制，并特意把菜形做成了马铃状。后来此事传扬开来，成了一段佳话，于是，后人便改称此菜为“炸响铃”。

蛤蜊汆鲫鱼

烹调方法：汆　菜系：杭州菜　编号：24

原料

主料：鲫鱼1条约500克、蛤蜊20只。

辅料：绿蔬菜25克。

调料：黄酒5克、小葱5克、生姜5克、精盐3克、味精2克、熟猪油50克、姜末醋1碟。

制作过程：

1．首先将鲫鱼进行刀工处理，在鲫鱼背脊肉厚处从头到尾两面各直剞1刀，刀深至骨。

2．锅烧热加入猪油，三成热时放入鲫鱼煎，迅速翻身加入黄酒、小葱、生姜，加入热水，加盖烧5分钟，汤烧至奶白色。

3．同时另一锅中加清水，加入少许黄酒，待水沸后加入蛤蜊，焯好后放入碗中。

4．锅洗净加清水，加少许色拉油、精盐，待水沸后放入青菜，氽约30秒捞出。

5．鱼汤调味，加精盐、味精，去掉小葱、生姜，出锅装盘，放入焯好的蛤蜊，放入青菜即可，上桌时随配姜醋1碟。

成品特点：河海鲜合一，汁浓白，肉鲜嫩，汤鲜味美，营养丰富，风味别致。

制作关键：

1．煎鲫鱼要用熟猪油，使汤汁呈奶白色。

2．掌握好烧鲫鱼的时间。

营养价值：鲫鱼营养成分很丰富，含大量的铁、钙、磷等矿物质，含蛋白质、脂肪、维生素A族、B族维生素等。在寒风凛凛的冬季，鲫鱼的味道尤其鲜美，所以民间有“冬鲫夏鲇”之说。

保健功能：鲫鱼药用价值极高，其性味甘、平、温，入胃、肾经，具有和中补虚、除湿利水、补虚羸、温胃进食、补中生气之功效。尤其是活鲫鱼汆汤在通乳方面有其他药物不可比拟的作用。鲫鱼肉对防治动脉硬化、高血压和冠心病均有疗效。

杭州卤鸭

烹调方法：卤　菜系：杭州菜　编号：25

原料

主料：嫩鸭1只约1250克。

调料：葱结25克、生姜10克、桂皮10克、黄酒50克、酱油350克、白糖120克。

制作过程：

1．将鸭子放在沸水中出水，除去血沫，洗净，沥干水。

2．将炒锅洗净置火上，放入洗净的鸭子、葱结、生姜、掰成小块的桂皮，加入黄酒、酱油、白糖与清水用大火烧开，改用小火卤40分钟左右，卤至七成熟，再加入白糖，用手勺不断地把卤汁淋浇在鸭身上，直到色泽红亮、原汁稠浓时出锅。

3．将卤鸭斩成1.5厘米宽的条块装盘，浇上卤汁即成。

成品特点：色泽红亮，卤汁稠浓，肉嫩香甜。

制作关键：

1．关键是掌握好火候，火不能旺。

2．根据鸭子大小自行调整水量和时间。

营养价值：鸭肉的营养成分有蛋白质、钾、钠、磷、维生素B族、烟酸等。

保健功能：鸭肉性偏凉，味甘微咸，有滋养肺胃、健脾利水的功效。

红烧卷鸡

烹调方法：烧　菜系：杭州菜　编号：26

原料

主料：泗乡豆腐皮5张、水发笋干250克。

辅料：熟笋50克、水发香菇10克、绿蔬菜50克。

调料：酱油25克、芝麻油10克、味精2克、白糖15克、黄酒20克、色拉油750克（约耗90克）。

制作过程：

1. 将辅料进行改刀，香菇切片、笋切片备用。

2. 用豆腐皮包上涨发好的笋干，要裹紧，裹成卷鸡的毛坯，用湿淀粉封口，改刀成4厘米长的段，即成“卷鸡”段。

3. 锅烧热加油，油温五成热时放入卷鸡生坯炸制，炸至金黄色捞出。锅内留少许油加入辅料煸炒，炒出香菇的香味，加入卷鸡，放入黄酒、酱油、白糖、清水，烧制3分钟左右，等汤汁收浓到五分之一时，再加入味精，淋上芝麻油，撒上葱段出锅装盘。

成品特点：成菜柔软、鲜嫩、浓香，富有乡土风味。

制作关键：

1. 在卷豆腐皮的时候一定要卷紧，防止烹饪过程中散掉。

2. 掌握好炸制的油温。

营养价值：

笋干：笋干色泽黄亮、肉质肥嫩，含有丰富的蛋白质、纤维素、氨基酸等微量元素，具有低脂肪、低糖、多膳食纤维的特点。

豆腐皮：同本书第32页（干炸响铃）。

保健功能：笋干是纯天然健康食品，有增进食欲、防便秘、清凉败毒的功效。豆腐皮同本书第32页。

椒盐乳鸽

烹调方法：炸　菜系：杭州菜　编号：27

原料

主料：乳鸽1只约250克。

调料：小葱5克、生姜5克、花椒2克、精盐2克、椒盐5克、味精2克、黄酒5克、色拉油750克（约耗60克）。

制作过程：

1. 碗里加入小葱、生姜、花椒、精盐、料酒，将乳鸽洗净后放入盛器，腌20分钟（10分钟的时候翻面）。

2. 腌渍好的乳鸽放入蒸笼蒸25分钟。

3. 锅洗净，加油，蒸好的乳鸽凉透后抹上少许的酱油，五成油温炸制，炸约4~5分钟，炸至金黄色即捞出。

4. 最后进行改刀装盘。

成品特点：香、酥、脆，色、香、味俱全。

制作关键：炸制时控制好油温，以免炸焦。

营养价值：乳鸽中含有蛋白质、钙、铁、铜等微量元素及维生素，脂肪含量比较低。

保健功能：乳鸽具有补肝壮肾、益气补血、清热解毒、生津止渴的功效。

栗子冬菇

烹调方法：炒　菜系：杭州菜　编号：28

原料

主料：熟嫩栗子400克、水发冬菇100克。

辅料：青菜30克。

调料：白糖5克、味精5克、湿淀粉10克、酱油20克、熟菜油40克、芝麻油10克。

制作过程：

1．锅内加水，放入少许色拉油、精盐烧沸，放入菜心氽熟捞出，围在盘的周围。

2．将炒锅置旺火上，下入熟菜油，烧至六成热，倒入栗子和冬菇，加入酱油、清水、白糖加盖小火焖2分钟，放入味精，用湿淀粉勾芡，淋上芝麻油，盛入用菜心点缀的盘中即成。

成品特点：栗子果实粉糯，冬菇肉质嫩滑，一菜两味，配以绿色蔬菜，色彩分明，清爽美观，香酥鲜嫩。

制作关键：用湿淀粉勾芡，要做到明汁亮芡。

营养价值：

栗子含有碳水化合物、蛋白质、磷、钙、铁等。冬菇含有碳水化合物、镁、烟酸、嘌呤、胆碱。

保健功能：

栗子具有养胃健脾、补肾强腰、防治口舌生疮的功效。冬菇具有化痰理气、益胃和中、防癌抗癌的功效。

南肉春笋

烹调方法：炖　菜系：杭州菜　编号：29

原料

主料：五花咸肉200克、生嫩春笋250克。

调料：小葱5克、黄酒5克、精盐2克、味精2克、熟鸡油5克。

制作过程：

1．先将咸肉改刀成2厘米见方的小块，春笋去老头并切成滚刀块。

2．锅中加水放入切好的咸肉，煮20分钟出锅，保留原汤。

3．锅内加清水，放入部分原汤加入咸肉、春笋，加入料酒用旺火烧沸，撇去浮沫，等沸腾后改小火煮制10分钟，春笋煮熟后加入精盐、味精，淋上鸡油，撒上葱段出锅装盘。

成品特点：选用薄皮五花咸肉与鲜嫩春笋同煮，爽嫩香糯，汤鲜味美。

制作关键：一定要保留咸肉的原汤，用原汤进行烧制，这样烧出来的菜肴才更有味道。

营养价值：

咸肉中磷、钾、钠的含量丰富，还含有脂肪、蛋白质等元素。

春笋味道鲜美，营养丰富，含有充足的水分、丰富的植物蛋白以及钙、磷、铁等人体必需的营养成分和微量元素，特别是粗纤维素含量高。

保健功能：

咸肉具有开胃祛寒、消食等功效，春笋有益气和胃、治消渴、利水、利膈爽胃等功效。

生爆鳝片

烹调方法：脆熘　菜系：杭州菜　编号：30

原料

主料：大鳝鱼两条约400克。

辅料：淀粉80克、面粉80克。

调料：酱油20克、芝麻油2克、大蒜头15克、精盐3克、白糖25克、黄酒15克、米醋15克、色拉油750克（约耗65克）。

制作过程：

1. 将洗净的鳝鱼去头去尾去脊骨，用刀将鳝鱼的肉拍一拍，片成菱形片。

2. 鳝鱼片放入碗中，加黄酒、精盐腌渍10分钟左右。

3. 碗中放入生粉、面粉，加入适量的水，调成薄糊。

4. 碗中加入大蒜末、黄酒、米醋、白糖、酱油、生粉、水调成芡汁。

5. 锅内加油，待油温升到五成热时，把鳝鱼片放入调制好的糊中，逐片放入油锅炸制。炸至稍硬时把鳝鱼片捞出，等油温再升到五成时进行复炸，炸至浅黄色，装盘。

6. 锅留底油，倒入调好的芡汁，淋上芝麻油，出锅浇在炸好的鳝鱼片上即可。

成品特点：

1. 鳝鱼片色泽黄亮，外脆里嫩。

2. 蒜香四溢，酸甜可口。

制作关键：

1. 油温适宜，要入油锅炸两次，促使鳝鱼片成型，外部松脆并保持内部肉质鲜嫩。

2. 芡汁厚薄、色泽适当，酸甜咸的比例可根据个人的口味略有侧重。

营养价值：每100克鳝鱼肉中蛋白质含量达17.2 ~ 18.8克，脂肪0.9 ~ 1.2克，钙质38毫克，磷150毫克，铁1.6毫克；此外还含有硫胺素（维生素B_1）、核黄素（维生素B_2）、尼克酸（维生素PP）、抗坏血酸（维生素C）等多种维生素。

保健功能：鳝鱼富含DHA和卵磷脂，它是构成人体各器官组织细胞膜的主要成分，而且是脑细胞不可缺少的营养；鳝鱼特含降低血糖和调节血糖的“鳝鱼素”，且所含脂肪极少，是糖尿病患者的理想食品；鳝鱼含丰富维生素A，能增进视力，促进皮膜的新陈代谢。

蒜香蛏鳝

烹调方法：炒　菜系：杭州菜　编号：31

原料

主料：蛏子肉200克、熟鳝肉200克。

调料：酱油5克、黄酒5克、白糖2克、味精2克、胡椒粉2克、芝麻油5克、葱丝10克、红椒丝10克、大蒜10克、生姜20克。

制作过程：

1. 锅中加清水，把蛏子肉放入沸水中焯水，取肉待用。把鳝鱼肉切成5厘米长的条。

2. 生姜、红椒、葱切成丝，大蒜剁成蓉。

3. 锅内加高汤，放入蛏子肉进行煨制入味后捞出；放入鳝鱼肉进行煨制入味后捞出，把蛏肉与鳝鱼肉放入盘中。

4. 在锅中放少量清水，放入黄酒、酱油、白糖、胡椒粉、味精等调汁，浇在蛏、鳝上。

5. 最后放上葱丝、姜丝、红椒丝、蒜蓉，浇上烧热的芝麻油即可。

成品特点：蒜香扑鼻，滑嫩爽口。

制作关键：掌握活鳝鱼的煮制时间。

营养价值：黄鳝具有维生素A、蛋白质、碳水化合物等。蛏子含丰富的蛋白质、钙、铁、维生素A等营养成分。

保健功能：

鳝鱼具有增强记忆力、调节血糖、保护视力的功能。蛏子具有补阴、清热、除烦、解酒毒等功效，对烦热、口渴、湿热水肿、痢疾具有一定治疗效果。

荷叶粉蒸肉

烹调方法：蒸　菜系：杭州菜　编号：32

原料

主料： 猪五花肉600克。

辅料： 糯米100克、籼米100克、鲜荷叶2张。

调料： 桂皮5克、丁香4克、山奈粉3克、茴香3克、八角3克、葱丝30克、姜丝30克、黄酒40克、白糖10克、甜面酱25克、酱油30克。

制作过程：

1. 带皮猪肉用清水洗净，切成长6.5厘米、宽2厘米的块（共10块）的夹刀片。
2. 将肉块放入盛器，加白糖、黄酒、酱油、甜面酱拌和，加入姜丝、葱丝腌渍1小时。
3. 将糯米和籼米洗净，沥净水晒干，把八角、丁香、桂皮、山奈粉同米一起放在炒锅内，用小火炒至呈黄色（防止炒焦）出锅，冷却后磨成粗粉。
4. 把腌渍好的肉加入米粉搅匀，使每块肉的皮层和中间的刀口处都沾上米粉，制成粉肉。
5. 荷叶用沸水烫一下，每张切小块，放入粉肉包成小方块，上笼用旺火蒸2小时左右即可。

成品特点： 酥烂不腻，清香可口，是夏令应时菜肴。

制作关键：

1. 肉块腌渍入味，拌粉时，要使每块肉的表层和中间的刀口处都均匀地沾上米粉。
2. 蒸时火要旺，蒸至酥烂成熟，否则粉肉脱离，影响口感。

营养价值： 同本书第6页（东坡肉）。

保健功能： 同本书第6页（东坡肉）。

之江鲈莼羹

烹调方法：烩　菜系：杭州菜　编号：33

原料

主料：鲈鱼肉150克、西湖莼菜200克。

辅料：陈皮丝5克、熟火腿丝10克、熟鸡丝10克、葱丝5克。

调料：黄酒10克、精盐3克、味精3克、熟猪油500克（约耗50克）、熟鸡油2克、鸡蛋清1个、胡椒粉2克、生姜水5克、湿淀粉25克、清鸡汤200克。

制作过程：

1. 将洗净的鲈鱼肉去皮和骨，切成6厘米长的丝，加入味精、精盐、生姜水、鸡蛋清捏上劲，用湿淀粉拌匀上浆。

2. 西湖莼菜在沸水锅中焯一下，沥干水待用。

3. 将炒锅置中火上，下入熟猪油，烧至四成热，把浆好的鱼丝倒入锅内，用筷子轻轻划散，呈玉白色时倒入漏勺，沥去油。炒锅内留底油，投入葱段煸香，加入鸡汤捞出葱段，放入精盐、味精、黄酒、姜汁水，用湿淀粉勾薄芡，将鱼丝及莼菜入锅，用手勺推匀，撒上胡椒粉、淋上熟鸡油盛入碗内，撒上熟火腿丝、熟鸡丝、陈皮丝、葱丝即成。

成品特点：莼菜清香，鱼丝鲜嫩，味美滑润，色泽悦目。

制作关键：要选用钱塘江鲈鱼和新鲜的西湖莼菜。

营养价值：鲈鱼中富含蛋白质、钙、磷、铁、硒、维生素等成分，具有很高的营养价值。莼菜鲜嫩茎叶含蛋白质、粗纤维、糖类、维生素A、矿物质以及多种氨基酸。

保健功能：

鲈鱼具有健脾益肾、补气安胎、健身补血等功效。莼菜具有清热、利水、消肿、解毒、止咳止泻的功效。

八宝豆腐

烹调方法：炒　菜系：杭州菜　编号：34

原料

主料：嫩豆腐1盒约350克。

辅料：熟干贝末10克、熟瓜子仁5克、虾仁15克、熟鸡脯肉15克、松子仁末5克、水发冬菇末3克、油氽核桃仁末5克、熟火腿末10克。

调料：熟鸡油10克、鸡蛋清3个、精盐5克、味精4克、清汤200克、湿淀粉50克、熟猪油125克。

制作过程：

1. 把嫩豆腐塌成泥放入碗中，加入鸡蛋清、味精、熟猪油、精盐、湿淀粉搅拌均匀。

2. 将辅料切碎。

3. 将炒锅置旺火上，下入熟猪油，将豆腐和清汤倒入炒锅内，将豆腐搅拌均匀，至豆腐汁呈玉白色时，加入熟鸡脯末、熟火腿末、虾仁末、熟干贝末、冬菇末、核桃仁末、松子仁末、瓜子仁搅匀，盛入荷叶碗内，撒上熟火腿末，淋上熟鸡油即可。

成品特点：制作精细，配料讲究，滋味鲜美，风味独特，营养丰富。

制作关键：

1. 选用质地细腻的嫩豆腐（市售的“内脂豆腐”质地较好无须去皮），也可用“豆腐脑”代替，以高级清汤煨制。

2. 火候适当，推搅要连续上劲，使豆腐与猪油、八宝料等充分搅匀成熟，不焦、不粘锅。

营养价值：豆腐含有蛋白质、膳食纤维、钙、维生素E、烟酸等。

保健功能：豆腐具有补钙强骨、生津止渴、预防乳腺癌的功效。

【典故】据《随园食单》记载：“王太守八宝豆腐”原为宫廷御膳菜，康熙皇帝作为恩赏，赐予尚书徐建庵，尚书的门生楼村先生又将此法传给其孙王太守。新中国成立后，杭州的名厨师根据书中记载，对其进行研究仿制，发展成富有特色的杭州名菜。

育人元素：工匠精神

用五十年光阴，磨杭帮菜一剑

胡忠英

我从厨50年，现任杭州饮食服务集团有限公司顾问，被评为：中国十大中华名厨（中国商务部颁发）、国际烹饪艺术大师（国际饭店协会颁发）、国际美食评委（中国饭店协会颁发）、首届中国烹饪大师（国内贸易部颁发）、中国烹饪高级技师、中国烹饪国家一级评委、中国烹饪国家一级裁判员等称号,现任杭州饮食服务集团有限公司餐饮总监。

以杭帮菜为基础，立足杭帮菜，取各帮菜系之所长，创立了“迷宗菜”。正所谓“适口者珍”，迷宗菜的魅力不仅在于它别出心裁的制作手法和工艺，更重要的是在对各派菜系了如指掌的基础上做出的融合和改良。成功举办了“满汉全席”“仿宋寿宴”“乾隆御宴”“袁枚宴”等中国宴席。2016年担任杭州G20峰会餐饮文化专家组长，2017年成为CCTV中国味道的唯一餐饮人。2022年入选亚运会食品安全专家智库成员。

参加编著了《杭州菜谱》《天堂美食——杭州菜精华》《首届中国烹饪大师名师精品集》《中华菜谱》《百姓菜谱》《杭州南宋菜谱》《无创不特——我的烹饪生涯五十年》等书。精心培养的徒弟，中国烹饪大师韩利平、董顺翔、王政宏等，已成为餐饮业中的精英，并为中国杭帮菜技艺传承、文化宣传、创新发展贡献着力量。

从厨贵在坚守，五十年如一日，这是我对厨艺孜孜不倦的追求与探索，在传承的基础上不断进行开拓创新，是坚守的最高境界。我愿用毕生之尽力，磨杭帮菜一剑，为杭帮菜的推广和发展做出贡献。

2022年11月16日

育人元素：德育为先

厨艺立身，厨德立人

刘　晨

我是浙江商业职业技术学院旅游烹饪学院党总支书记、副院长，副教授，高级技师，从事烹饪教育工作36年。

36年的工作经历，使我深深体会到一个人的能力很重要，但有一样东西比能力更重要，那就是人品。人品是最宝贵的财富，是能力施展的基础，是当今社会珍贵的品质标签。人品和能力，如同左手和右手，单有能力，没有人品，人将残缺不全。人品决定态度，态度决定行为，行为决定着最后的结果。人品意义深远，没有人会愿意信任、重用一个人品欠佳的员工。好人品已成为现代人职业晋升的敬业标杆与成功人生的坚实根基。

习近平总书记在党的十九大、二十大报告中指出，为人民日益增长的美好生活需要而努力奋斗，这就是我们师生及从厨者心中的目标。厨师的厨艺和厨德较为特殊，人们从吃饱、吃好到吃出营养，食品安全始终是我们从厨人员的底线。因为经厨师烹制的菜肴是直接入口供大众食用的，这与人的生命健康息息相关，所以学艺先学德，做菜先做人，厨德是厨师素质、修养以及人格魅力的一个综合体。

厨艺的提高需要日积月累，厨德同样也需要岁月的磨炼。只有德艺双馨的厨师，才能有威望、有地位，受到大家的尊重。希望烹饪专业学生及从厨者通过工作的历练都能成为新时代德艺双馨的人民健康守卫者。

2022年11月16日

思考与讨论

1. 说说你对“干一行 爱一行”的理解。如何理解厨德与厨艺的关系。
2. 杭州菜历史上分为“湖上”“城厢”两个流派，它们各有什么特点？
3. 简述创新名菜蟹汁鳜鱼的制作工艺流程、营养价值与保健功能。
4. 杭州名菜东坡肉、砂锅鱼头豆腐的典故分别折射出的育人元素是什么？
5. 制作1个自己设计的创新菜肴，写出制作过程、创新点并附图片。

宁波菜

宁波菜概述

宁波菜简称甬菜，是浙菜中最具特色的一种地方菜。它基于“鱼米之乡，文化之邦”，既受赐于大自然得天独厚的地理条件，又得益于历代厨师志承前贤烹饪技术和矢志不渝的努力，渐成风格迥异自成一体的菜肴。

宁波位于东海之滨，长三角东南角，面临大海，背倚四明山、天台山，气候温和，物产丰富，素有“四明三千里，物产甲东南”之称。

宁波有漫长的海岸线，大小岛屿3000多个，更有舟山渔场，海产资源十分丰富，四时烹饪原料轮番供应市场，如海鲜中的黄鱼、带鱼、墨鱼、鳗鱼、比目鱼、马鲛鱼、梭子蟹、对虾、牡蛎、蛏子等，鱼、虾、蟹、螺不胜枚举。

相当于5个杭州西湖面积的宁波东钱湖是浙江境内的最大淡水湖，盛产青鱼、草鱼、鲤鱼、毛蟹，田野、山间盛产竹笋、果、蔬、瓜、豆……更有奉化芋艿头、邱隘雪里蕻腌菜、象山冻鹅、三北大泥螺、奉蚶、炝蟹、佛手、海瓜子等等，远近闻名，为宁波所特有。

宁波在海内外颇负盛名，宁波人富于创业精神，足迹远遍各地，家乡菜肴亦得以广传。宁波菜源远流长，河姆渡文化遗址出土的籼稻、菱角、釜、罐、盆等陶器，表明当时人们已能进行简易的烹调。早在《史记·货殖列传》中就有“楚越之地……饭稻羹鱼”之记载，此即最早“黄鱼羹”之说。公元1842年宁波被辟为“五口通商”口岸之一，大大地刺激了饮食业的发展。

旧时三江口、江厦街，酒楼饭铺林立，而“冰糖甲鱼”“剔骨锅烧河鳗”“雪菜大汤黄鱼”，早已闻名遐迩。新中国成立前上海滩十里洋场，强手如林的烹饪界，也有宁波菜的一席之地，其中以“甬江状元楼”“四明状元楼”最负盛名。出生于宁波溪口，在中国现代史上有重大影响的蒋介石对家乡菜肴亦情有独钟，苋菜管、臭冬瓜、鸡汁芋艿头，实为其席上之常肴。加之原民国要人多系宁波人，故宁波菜曾名噪一时。

中华人民共和国成立后，宁波传统菜肴特色得到了继承和发扬。使人交口称誉的是1956年宁波城隍庙烹饪献艺盛会，当时名厨云集，各献其长，从仅存的《名菜目录》来看，具宁波风味特色的菜肴就占近百种，如“网油包鹅肝”“蛤蜊黄鱼羹”“薹菜小方㸆”“鹅白紫汤”“虾油蒸黄鱼”等等。宁波“十大名菜”也由此而生。

宁波菜由风味菜肴与海鲜菜肴组成，其风格特点概而言之有四：

一、重口味，轻形状色彩，品味重咸。宁波菜在制作过程中，注重原料本味的保持及发挥，朴实无华，味鲜重咸，常尝其味，不觉厌腻，故有“下饭”之昵称。

二、善于烹制各种海鲜。海鲜在宁波菜中占有重要的位置，品种极为丰富，厨师对各种海鲜，从活养到烹调颇具经验，活鱼现宰，海鲜现烹，因料施技，极尽其味。

三、常用“鲜咸合一”的配菜方法。传统的“鲜咸合一”这一配菜方法，至今尚被广用和发展，常将鲜活原料与海货干制品或腌制原料配在一起再行烹调，由此产生的滋味独特的复合味鲜美非常，无以逾此。

四、擅长腌、烟、烧、炖、蒸等烹调方法。腌菜选料较广，如鱼、蟹、肉类、蔬菜等，重咸，“下饭”极为入味，炒菜羹汤风味独特，滑嫩醇鲜，芡汁略厚，烧菜俗谓之“燎”。讲究火候运用，浓厚入味，色重芡亮。

曾几何时，宁波饮食界为外帮菜所占有，“串味”现象十分严重，传统菜肴反为人们所冷落，饭店酒家争相仿效粤菜、川菜等，宁波菜几无立锥之地，千百年来传统的厨艺渐趋湮没。

所喜近年来在有识之士的率导下，在继承前辈优良烹饪传统的基础上加以发扬光大，宁波菜又有复振之势，返璞归真，这是时势所趋。宁波菜与宁波海鲜为海内外食客所喜爱青睐，旅居海外归来的华侨，也以一尝家乡菜肴为快，沪上餐馆也纷纷推出宁波菜以招徕顾客。宁波菜又以其应有的地位立于烹饪界。

诚然，随着饮食文化的发展，宁波菜在继承前辈优良烹饪传统的同时，有待完善和提高、改革和创新。

首先，要利用发挥丰富的烹饪资源优势，要在选料的广度上下功夫，更应选用宁波特有的原料来创新制作菜肴新品种，使菜肴更具特色。

其次，在保持突出宁波菜风格的特色基础上借鉴学习旁帮菜系的优秀烹饪经验，采人之长，弥己之不足，在保持自己风格特色的基础上不断地置以新的内容。

最后，要在味觉艺术上下功夫。千百年来的传统菜肴至今经久不衰，这是因为宁波菜独特的口味赋予其生命力。改革创新菜肴贵在味觉艺术上下功夫，如原料间的互相组合，原料加工成熟的途径方法，调味品的运用和复合，等等。这样定能在丰富创新菜肴口味上有所建树。

相信，随着社会的进步，经济的繁荣，广大烹饪工作者的努力，宁波菜必将尽善尽美，“走遍天下，勿及宁波江厦”。宁波菜与宁波海鲜，必将以其应有的价值获得更高的声誉。

醇香焖奉芋

烹调方法：焖 菜系：宁波菜 编号：01

原料

主料：奉化芋艿1只约500克。

辅料：青豆5克、红椒3克、五花肉10克、凤爪5克、笋肉5克、香干5克。

调料：精盐3克、味精2克、黄酒5克、酱油3克、老抽2克、豆瓣酱6克、白糖2克、小葱5克、色拉油10克。

制作过程：

1．把奉芋洗净，刀工处理改成块状。

2．把奉芋放入煲内，蒸20分钟左右出锅。

3．锅洗净烧热，加入色拉油，加入五花肉煸炒，煸出五花肉的油，加入其他辅料（青豆、葱花晚点放），煸出香味后，加入黄酒、精盐、酱油、老抽、白糖、豆瓣酱炒匀，加入味精，勾芡浇在奉芋上，加入青豆、葱花即可。

成品特点：色泽红润，口感香糯，酱香浓郁。

制作关键：掌握好蒸的时间。

营养价值：奉芋营养丰富，色、香、味俱佳，曾被称为“蔬菜之王”。据测定，每百克鲜奉芋，含蛋白质5.15克，脂肪0.28克，碳水化合物12.71克，钙170毫克，磷80毫克。蛋白质的含量比一般的其他高蛋白植物如大豆之类都要高，其蛋白质含量为山药的2.1倍。

保健功能：奉芋中的聚糖能增强人体的免疫力，增加对疾病的抵抗力，长期食用能解毒、滋补身体、清热镇咳。

葱烤河鲫鱼

烹调方法：炸、烧　菜系：宁波菜　编号：02

原料

主料：河鲫鱼1条约600克。

辅料：小葱500克。

调料：酱油2克、黄酒2克、白酒1克、白糖2克、味精2克、胡椒粉1克、米醋1克、老抽2克、色拉油750克（约耗60克）。

制作过程：

1．鲫鱼洗净改刀，在鱼背斜切五刀，翻一个面再斜切5刀，把小葱切成25厘米长的段。

2．锅烧热，倒入色拉油，油温升至六成热时，关掉火放入加工好的鲫鱼炸，炸约15秒钟起锅沥油。

3．锅内留少许油，加小葱煸炒，尽量保持小葱的整齐，葱味炒出来放入鲫鱼，加入料酒、酱油、白酒、老抽、白糖、米醋，再加入150克清水，用小火加盖烧约15分钟。

4．汤汁烧浓，用茨粉勾芡，淋上明油。

5．出锅装盘即可。

成品特点：葱香浓郁，鱼肉鲜嫩，营养丰富。

制作关键：

1．炸鱼时控制好油温，以免炸焦。

2．在烹调时控制好加水的量。

营养价值：同本书第33页（蛤蜊氽鲫鱼）。

保健功能：同本书第33页。

腐皮包黄鱼

烹调方法：炸　菜系：宁波菜　编号：03

原料

主料：东海大黄鱼1条约1000克。

辅料：豆腐皮5张、鸡蛋2只。

调料：精盐5克、味精2克、胡椒粉3克、黄酒5克、葱花50克、色拉油750克（约耗75克）。

制作过程：

1. 把黄鱼去头，取两片鱼肉（去鱼骨），把黄鱼肉切成片。

2. 鱼肉加入精盐、味精、黄酒，加入葱花、鸡蛋液，搅拌均匀。

3. 豆腐皮去边筋，把腌制过的黄鱼片放入豆腐皮上面卷起来，用蛋液封口卷成黄鱼卷的坯子。

4. 把黄鱼卷改刀，切成菱形。

5. 锅内入油，待油温升至五成热，放入切好的黄鱼卷，炸制1分钟，用漏勺捞出沥净油，撒上胡椒粉和葱花即可。

6. 出锅装盘（配上醋，口味更佳）。

成品特点：外酥里嫩，鱼肉鲜美，酥脆爽口。

制作关键：

1. 鱼肉要片得均匀，油温要控制好。

2. 制作卷的过程中一定要卷紧，以免漏馅。

营养价值：黄鱼含有丰富的蛋白质、微量元素和维生素，对人体有很好的补益作用。豆腐皮同本书第32页（干炸响铃）。

保健作用：黄鱼有健脾升胃、安神止痢、益气填精之功效，对贫血、失眠、头晕、食欲不振及妇女产后体虚有良好疗效。黄鱼含有丰富的微量元素硒，能清除人体代谢产生的自由基，能延缓衰老，并对各种癌症有防治功效。豆腐皮同本书第32页。

海参黄鱼羹

烹调方法：烩　菜系：宁波菜　编号：04

原料

主料：辽参3只，东海大黄鱼750克。

辅料：鸡蛋 2只、笋片15克。

调料：精盐4克、味精2克、黄酒4克、葱段10克、生姜（菱形片）10克，色拉油10克。

制作过程：

1．黄鱼去头，片去主骨、肚裆、背刺，取两片鱼肉，片成厚片；海参对半切开，同样切成厚片。

2．锅内加清水，放入海参，焯去腥臊味捞出，洗净。

3．锅洗净，加入色拉油，放入葱段、姜片炝锅，捞出姜葱后放入黄鱼片煸炒一下，加入海参，加黄酒、清水、精盐、味精，撇去浮沫，加淀粉勾芡，淋入鸡蛋液，加明油，装盘，撒上葱花即可。

成品特点：黄鱼鲜嫩，海参软糯，营养价值高。

制作关键：

1．切片厚薄均匀。

2．掌握勾芡的浓度。

营养价值：黄鱼含有丰富的蛋白质、微量元素和维生素，对人体有很好的补益作用。海参含胆固醇低，脂肪含量相对少，海参含有硫酸软骨素，海参微量元素钒的含量居各种食物之首。

保健功能：中医认为，黄鱼有健脾升胃、安神止痢、益气填精之功效，对贫血、失眠、头晕、食欲不振及妇女产后体虚有良好疗效。黄鱼含有丰富的微量元素硒，能清除人体代谢产生的自由基，延缓衰老，并对各种癌症有防治功效。海参对高血压、冠心病、肝炎等病人及老年人堪称食疗佳品，常食对治病强身很有益处，有助于人体生长发育，能够延缓肌肉衰老，增强机体的免疫力，可以参与血液中铁的输送，增强造血功能。

酒酿蒸带鱼

烹调方法：蒸　菜系：宁波菜　编号：05

原料

主料：带鱼1条约500克。

辅料：火腿100克、红椒3克。

调料：味精2克、胡椒粉2克、黄酒10克、酒酿汁50克、花雕酒10克 、清鸡汤50克、南瓜蓉10克、精盐3克、味精2克、鸡油2克、生姜100克、小葱 10克。

制作过程：

1. 带鱼洗净，切去带鱼头，切去带鱼的鳍，肚裆修整齐，带鱼斜刀切成4厘米长、2.5厘米宽的菱形块。
2. 火腿、生姜切成与带鱼一致的块，小葱、红椒切成丝。
3. 将带鱼摆盘，一块带鱼、一片火腿、一片生姜，再一块带鱼、一片生姜、一片火腿约15组。
4. 摆好的带鱼放上调料，上笼蒸，蒸约6分钟出锅，在蒸好的带鱼上摆上葱丝、红椒丝即可。

成品特点：汤汁金黄，酒香味扑鼻，鱼肉鲜嫩。

制作关键：

1. 掌握好蒸的时间。
2. 刀工处理时原料的形状掌握好，控制好原料的大小 。

营养价值：带鱼的脂肪含量高于一般鱼类，且多为不饱和脂肪酸。带鱼还含有丰富的镁元素。

保健功能：带鱼具有一定的药用价值。我国古今医学及水产药用书籍记载，带鱼有养肝、祛风、止血等功能，对治疗出血、疮、痈肿等疾病有良效。带鱼身体表面的一层银脂是制造解热息痛片和抗肿瘤药物的原料。银脂中含有多种不饱和脂肪酸，有显著的降低胆固醇作用，适宜久病体虚、血虚头晕、气短乏力、食少羸瘦、营养不良之人食用。

柳叶墨鱼大烤

烹调方法：烧　菜系：宁波菜　编号：06

原料

主料：墨鱼750克。

辅料：五花肉50克。

调料：南乳汁80克、精盐3克、味精2克、白糖3克、黄酒80克、胡椒粉2克、生姜片10克、葱段10克、色拉油10克。

制作过程：

1. 墨鱼洗净，切条，再斜刀切成柳叶块。

2. 五花肉切成片，约10片。

3. 锅洗净加清水，加入黄酒，待水沸腾时，放入切好的墨鱼出水，捞出用清水洗净。

4. 锅洗净，加热滑油，加少许油，放入肉片煸炒，加入生姜、葱白炝锅。放入墨鱼，加入80克南乳汁翻炒，加入黄酒、白糖、精盐、胡椒粉，加清水加盖烧约12分钟，加入味精，淋上明油，撒上葱段即可。

5. 出锅装盘。

成品特点：色泽红润，肉质嫩中带韧，南乳汁味浓。

制作关键：柳叶块的大小要均匀，自然收汁。

营养价值：墨鱼性味甘、咸、平，含蛋白质、碳水化合物、多种维生素和钙、磷、铁等矿物质。

保健功能：具有收敛止血、助阳健身、滋肝益气、养血滋阴、益血补肾、健胃理气、抑制胃酸、止血降脂的功效。

宁式鳝糊

烹调方法：炒　菜系：宁波菜　编号：07

原料

主料：熟鳝鱼200克。

辅料：韭黄100克、熟豆瓣10克、茭白丝20克。

调料：酱油5克、白糖2克、精盐2克、味精2克、辣油2克、胡椒粉3克、黄酒5克、生粉10克、葱白10克、葱丝50克、生姜丝50克、色拉油15克。

制作过程：

1. 熟鳝鱼丝改刀成5厘米的段，韭黄也改刀成5厘米的段。

2. 锅烧热，滑油加入色拉油，放入葱白，姜丝煸香，放入熟鳝鱼丝煸炒透，加黄酒、酱油、白糖、精盐、熟豆瓣、茭白丝、葱丝、韭黄翻炒，加入味精，用水淀粉勾芡，加入葱段，淋入明油，撒上胡椒粉即可，出锅装盘。

成品特点：鳝鱼滑润鲜美，菜肴口感丰富。

制作关键：

1. 在刀工处理时，原料料形要相同，掌握好丝的长短。

2. 掌握好生粉的量，勾芡要恰到好处。

3. 勾芡时掌握好火候，以免粘锅。

营养价值：鳝鱼同本书第39页（生爆鳝片）。韭黄含有丰富的蛋白质、糖、矿物质、维生素C、尼克酸等。

保健功能：

鳝鱼：同本书第39页。

韭黄：韭黄含有膳食纤维，可促进排便；韭黄味道有些辛辣，可促进食欲；且含有多种矿物质，是营养丰富的蔬菜。从中医理论讲，韭黄具有健胃、提神，保暖的功效；对妇女产后调养和生理不适，均有舒缓的作用。

薹菜小方㸆

烹调方法：烧　菜系：宁波菜　编号：08

原料

主料： 五花肉800克。

辅料： 薹菜100克。

调料： 白糖5克、 南乳汁40克、 黄酒15克、酱油50克。

制作过程：

1．五花肉焯水，约七八成熟捞出，切成2厘米见方的块。

2．锅内加入五花肉块、南乳汁、酱油、白糖、黄酒烧制3个小时，等汤汁收浓，起锅装盘。

3．薹菜切成丝用油炒一下，使薹菜酥脆，出锅装盘，撒上少许白糖即可。

成品特点：

1．糯而不烂，南乳汁的香味配上薹菜突显宁波菜特色。

2．肉肥而不腻。

制作关键：

1．控制好烧制时间。

2．薹菜炒的时候注意火候，不要炒焦。

营养价值： 同本书第6页（东坡肉）。

保健功能： 同本书第6页。

铁板烤蛏子

烹调方法：烤　菜系：宁波菜　编号：09

原料

主料：蛏子750克。

辅料：洋葱50克。

调料：味精3克、胡椒粉2克、雪菜汁150克、生姜片10克、葱段10克、香菜5克、啤酒400克。

制作过程：

1．用刀割断蛏子背上的筋。

2．取碗一只，加入啤酒400克、雪菜汁150克、生姜片、葱段，放入蛏子腌渍15分钟。

3．洋葱改刀切成小条状，香菜切去梗。

4．卡式炉一只，把腌渍好的蛏子放在铁板上，一只只顺时针排列整齐，小火慢烤，烤约15分钟（烤的过程中翻动蛏子，使其受热均匀），将腌渍时的水分烤干。烤好后，加入洋葱条、香菜放入烤盘内，烤出香气后装盘即可。

成品特点：干香入味，蛏肉肉质鲜美，雪菜味浓，具有宁波地方特色。

制作关键：

1．腌渍蛏子时一定要腌透入味。

2．烤蛏子时控制好火候。

营养价值：蛏肉含丰富蛋白质、钙、铁、硒、维生素A等营养成分。

保健功能：蛏肉具有补阴、清热、除烦、解酒等功效。对产后虚损、烦热口渴、湿热水肿、痢疾具有一定治疗效果。

雪菜大汤黄鱼

烹调方法：烧　菜系：宁波菜　编号：10

原料

主料：东海野生大黄鱼1条约1000克。

辅料：鞭笋50克、 宁波雪菜50克。

调料：小葱10克、 生姜10克、黄酒5克、精盐5克、胡椒粉3克、味精3克、色拉油15克。

制作过程：

1. 黄鱼清洗干净，剥去鱼头皮去腥，黄鱼剞上花刀，雪菜切末，鞭笋切丝，小葱切成3厘米长的段，生姜切大片。

2. 锅烧热，滑油，锅内加入少许油，放入生姜、葱段炝锅，煸炒出香味，放入大黄鱼煎至两面金黄，放入黄酒，加入清水、鞭笋丝、胡椒粉，汤烧开后加盖，烧约7分钟。

3. 汤汁烧白后加入雪菜，加入精盐、味精调味。

4. 出锅装盘，撒上葱花即可。

成品特点：汤汁鲜醇，鲜咸合一，鱼肉鲜嫩，营养丰富。

制作关键：

1. 黄鱼煎制时两面煎透。

2. 鱼汤要烧到发白，这样汤汁味道才浓郁。

营养价值：黄鱼含有丰富的蛋白质、微量元素和维生素，对人体有很好的补益作用。

保健作用：中医认为，黄鱼有健脾升胃、安神止痢、益气填精之功效，对贫血、失眠、头晕、食欲不振及妇女产后体虚有良好疗效。黄鱼含有丰富的微量元素硒，能清除人体代谢产生的自由基，能延缓衰老，并对各种癌症有防治功效。

薹菜江白虾

烹调方法：炸　菜系：宁波菜　编号：11

原料

主料： 江白虾400克。

辅料： 薹菜80克。

调料： 花椒盐6克、色拉油750克（约耗65克）。

制作过程：

1. 薹菜改刀切成末，再用刀拍均匀。

2. 锅烧热加油，待油温升至六成热时，把江白虾放入漏勺沥净水，投入油锅中，炸15秒捞出，待油温升至七成热时，把已炸的虾再次投入油锅，炸至皮结壳捞出。

3. 锅内留少许油，放入薹菜末炒，炒至颜色变绿，炒出香味，放入已炸好的虾翻炒，加入花椒盐翻炒均匀，出锅装盘即可。

成品特点： 虾色泽金黄、外脆里嫩，加上薹菜，使菜肴鲜咸合一。

制作关键：

1. 薹菜一定要切得细，拍得均匀。

2. 油温一定要控制好，复炸时虾不可炸焦。

营养价值： 白虾中含有蛋白质、脂肪、钙、磷、铁和维生素A等营养成分。

保健功能：

江白虾：江白虾中含有能调节心脏活动的镁和预防贫血的铁质等多种矿物质，就连虾壳都有大量的钙质和甲壳素，能预防及改善中老年人骨质疏松及增强免疫力。虾还具有补肾作用，能壮阳，帮助改善阳痿、早泄、性欲减退、尿频等情况，也有助于产后的妇女分泌乳汁。

薹菜：祛脂降压、养肝、通便、补血益气、提高免疫力，有治疗头痛头晕、健脑、安神除烦、补充能量、壮骨等功效。

雪菜炒虾仁

烹调方法：炒　菜系：宁波菜　编号：12

原料

主料：河虾仁400克。

辅料：宁波雪菜75克。

调料：精盐3克、味精2克、黄酒2克、水淀粉2克、生姜10克、小葱5克。

制作过程：

1．在河虾仁中加入精盐、味精、黄酒，上劲后，加入水淀粉，上浆后待用。

2．雪菜切成粒状，小葱切成3厘米小段，生姜切成长方形的薄片。

3．锅烧热滑油，加入冷油，待油温升至三成热时，放入虾仁，待虾仁成熟时捞出沥油。锅洗净、烧热、加油，放入生姜、葱段炝锅，倒入雪菜煸炒，雪菜炒出香味，放入虾仁、精盐、胡椒粉，用湿淀粉勾芡，淋入明油即可。

4．出锅装盘。

成品特点：虾仁洁白鲜嫩，富有弹性，配上雪菜，突出宁波风味。

制作关键：

1．掌握好虾仁的上浆。

2．滑虾仁时要控制好油温。

营养价值：同本书第12页（龙井虾仁）。

保健作用：虾仁肉质松软，易消化，对身体虚弱以及病后需要调养的人是极好的食物，能很好地保护心血管系统，通乳作用强，有助于消除因时差反应而产生的“时差症”。

育人元素：传统文化

甬味令人惦记的味道

戴永明

1956年我出生于宁波江厦街，自幼就在宁波生活，可谓土生土长的宁波人，家乡菜肴的口味让人无法忘怀。

作为浙江菜系中非常有特色的宁波菜，由于临海的地理条件优势，其主要的食材原料是海味珍馐，其中，野生海鲜原味可谓弥足珍贵。正是因为材料的珍贵，讲究真材实样与原汁原味的宁波厨师，为了让食客品尝到最新鲜的海鲜菜肴，在烹调方法上常常采用简洁的加工方法。在宁波菜肴制作过程中有“重咸”一说，但其原则是要保持和发挥食物原本的鲜味，以“咸”来衬托“鲜”，造就出一种会让人铭记于心的独特味道。

不少吃惯了宁波菜的宁波人到外地，常常会遭遇“水土不服”的情况。头几天尝试异乡风味菜品还能图个新鲜，过不了几日就感觉口中无味，无法不去想念家乡咸鱼那种令人倍感亲切的下饭滋味来。后来再遇上出远门的情况，就会特地带上几罐家中腌制的咸鱼在身边，以备不时之需。对于咸鲜滋味的追求，已经烙印在宁波人骨子里，无论身处世界的哪一端，都会怀念之。

宁波的沿海食材本身具有新鲜的特点，所以常用简洁的烹饪手法来制作。做法越是简洁越能体现出这种本味，复杂的加工程序和调味反而会掩盖食物本来的味道。在老一辈的宁波人看来，新鲜就等于清蒸，只有不太新鲜的食材才会用较复杂的加工方法、较重的调味来弥补食材先天的不足。

随着时代变化，现代人对菜肴口味的需求多样起来，宁波菜的烹调方式也开始多样化了。但最美味的菜肴不在于点缀有多美，而在于选用时令的食材，通过合适的加工方法和恰当的调味，把原料固有的本味发挥到极致，因为失去原料的本味，也就丧失了食物的灵魂。尔后再加以器皿的完美配合，使之相得益彰，完成最后的美食仪式。

2022年11月16日

思考与讨论

1. 简述本味在宁波菜中的重要性。

2. 简述宁波菜风味特点的形成。

3. 宁式鳝糊菜肴中划鳝鱼丝折射出的育人元素是什么？

4. 简述传统名菜雪菜大汤黄鱼的制作工艺流程、营养价值与保健功能。

5. 制作1个自己设计的创新菜肴，写出制作过程、创新点并附图片。

绍兴菜

绍兴菜概述

绍兴历史悠久，文化底蕴深厚。从文物考古的角度讲，绍兴菜的历史已有7000多年甚至近万年之久。“饭稻羹鱼、火耕水耨”是绍兴先民饮食生活的主要特征。在数千年前的新石器时代，绍兴已有先民扎根繁衍，并筚路蓝缕开发绍兴这块宝地，燃起了越地原始饮食文化的多彩之火。

绍兴菜，简称绍菜，具有浓厚的江南水乡风味。选料取之鉴湖河鲜、会稽山珍、田园蔬果，并以时令时鲜为尚。烹饪技法平中见奇，以炒、炖、汆、烩、蒸、烧、煎、煮为主，辅以炸、烹、焖等，并以鲜咸两种原料同蒸（扣蒸）而著称。清鲜、香脆、酥糯、甘美、细嫩、咸鲜入味为滋味特征，注重清隽和醇，浓淡有度，轻辣、轻油、少糖、本味。善用黄酒和味，善用本地的名特土产调味，讲究文武相济，讲究原汁原味，以“土”求新，以味取胜，以物养生，具有民间性、文化性、技艺性、养生性、时尚性。

绍兴菜历经千年积集，披沙拣金，建立起了内涵厚实、韵味悠长、风味浓郁、别具一格的咸鲜合一风味、干菜风味、霉鲜风味、酱腌风味、河鲜风味、鱼蓉风味、田园风味、饭焐风味、糟醉风味和单鲍风味等特色风味体系。霉鲜风味在中国菜系中独树一帜，创造性地开启了人们获取美食新的途径。糟醉风味，将酒乡绍兴独特的优势在烹饪中得到极致的呈现，酒醉万物，醇香隽永。咸鲜合一风味则将“和”文化的哲学理念在烹饪中演绎到了极致，“文武相济”巧出风味……这十大特色风味体系完美地诠释了绍兴菜的厚重与深邃、独特与风雅。

绍兴是历史文化名城。从古越的稻作文化、舟楫文化、陶瓷文化、剑文化到如今的兰文化、酒文化、茶文化，处处散发着浓郁、鲜活的绍兴区域文化。正是由于这一沃土，才培育出如此博大精深、风味迷人的绍兴菜，成为浙菜的重要组成部分，亦奠定了绍兴菜成为浙江饮食文化的象征和地方风味的杰出代表地位。绍兴是浙菜的发祥地，更是江南美食的原生地。

白鲞扣鸡

烹调方法：蒸　菜系：绍兴菜　编号：01

原料

主料：越鸡1只约1250克。

辅料：白鲞100克。

调料：味精2克、黄酒25克、精盐3克、原鸡汁汤150克、花椒5粒、小葱10克、生姜10克、熟鸡油10克。

制作过程：

1．将鸡焯水，焯好水后将鸡烧熟。

2．鸡脯肉切成均等长方块12块，鸡翅膀切成6块；白鲞切成长2厘米、宽1厘米的块10块。

3．备中碗一只，用花椒和葱姜垫底，把鸡脯肉依次摆在碗的中间（鸡皮朝下），白鲞放在鸡肉的两侧，然后将鸡翅肉与剩下的鲞块放上。

4．加入原鸡汁汤、黄酒、精盐、味精调好，淋在装鸡的碗中，包好保鲜膜上笼蒸，蒸到香气出来取出，倒出汤汁，扣入盘中，拣去葱段、花椒，放入味精、葱段和烧沸的原鸡汁汤，淋上熟鸡油，即可。

成品特点：鲜美而咸香，肉质软滑，风味独特。

制作关键：

1．鸡脯肉、鸡翅、白鲞要切均匀。

2．上锅要蒸透。

营养价值：鸡肉同本书第9页（叫花鸡）。

保健功能：鸡肉同本书第9页。

崇仁炖鸭

烹调方法：炖　菜系：绍兴菜　编号：02

原料

主料：老鸭1只约1500克。

辅料：猪肉皮200克、黄花菜100克。

调料：酱油30克、味精5克、黄酒75克、白糖20克、葱段5克、生姜5克、桂皮5克、洋葱10克、色拉油20克。

制作过程：

1. 鸭子宰杀去毛剖好，洗净沥水后，将鸭头从右翅下弯至鸭肚上，用麻线扎紧，备用。葱洗净打成葱结，生姜用刀背拍碎备用。

2. 锅中加水，放入鸭子焯水后捞出放入凉水中洗净；肉皮焯水，捞出放入凉水中洗净。

3. 将鸭子和肉皮、葱结、生姜、桂皮以及适量的调味料放入砂锅中，加半锅水，旺火煮20分钟，改小火炖1.5小时后捞出肉皮，加入黄花菜，再烧1分钟。

4. 炒锅置火上加油，放入洋葱炒香，加卤水，盛入盘中，黄花菜放在洋葱上，再放上烧好的鸭子。

5. 锅内加油烧热，浇在葱段上，把葱段放在鸭子上加入卤汁即可。

成品特点：香味独特浓郁，口味鲜美地道。

制作关键：

1. 焯鸭子时小心皮破。

2. 在小火上炖1.5小时左右至收汁时要注意不要粘底。

营养价值：同本书第18页（笋干老鸭煲）。

保健功能：同本书第18页。

【典故】崇仁炖鸭源于明末清初，在乾隆年间已在嵊州等地广为流传。每到冬季，家家户户用土瓦罐焖炖老鸭，老少食之用以进补暖身。乾隆每下江南必去乡村酒肆大解龙馋。到了道光、咸丰年间，已成为江浙地方官年年贺岁的必贡品。时有诗云：“紫禁城里龙涎流，崇仁炖鸭岁岁香。”“山地园”崇仁炖鸭精选常年放养的农家老鸭为主料，用传统的焖炖工艺与现代科技手段完美结合，经高温瞬间灭菌，真空保鲜包装精制而成。其香味独特浓郁，口味鲜美地道。

单鲍大黄鱼

烹调方法：蒸　菜系：绍兴菜　编号：03

原料

主料：黄鱼1条约800克。

辅料：鸡清汤250克、鸡油50克。

调料：黄酒25克、精盐3克、花椒盐20克、京葱丝20克、香菜2克、红椒丝2克。

制作过程：

1. 新鲜的大黄鱼背部对半片开。

2. 鱼放入盘内，加20克的花椒盐，花椒盐要撒均匀，肉厚的地方多撒一点。

3. 把腌制的黄鱼放入容器内，静置6小时。

4. 腌制好的鱼用清水洗净表面的花椒，沥干水分放入盘内加精盐、黄酒、鸡汤、鸡油。然后放入蒸箱蒸10分钟取出，放上葱丝、红椒丝，淋入热油放上香菜即可。

成品特点：肉嫩多汁，鲜香味美。

制作关键：

1. 把握好蒸制时间。

2. 撒花椒盐时一定要撒均匀。

营养价值：大黄鱼含有丰富的蛋白质、微量元素和维生素，对人体有很好的补益作用。

保健功能：大黄鱼有和胃止血、益肾补虚、健脾开胃、安神止痢、益气填精之功效，贫血、失眠、头晕、食欲不振及妇女产后体虚者食用大黄鱼尤为适宜。大黄鱼含有丰富的微量元素硒，能清除人体代谢产生的自由基，能延缓衰老，并对各种癌症有防治功效。

干菜焖肉

烹调方法：焖、蒸　菜系：绍兴菜　编号：04

原料

主料：猪五花肉500克。

辅料：梅干菜100克。

调料：白糖20克、酱油25克、黄酒10克、红腐乳5克、味精2克、小葱10克、八角3克、桂皮3克、色拉油50克。

制作过程：

1．五花肉洗净切成2厘米见方的小块，放入沸水锅汆约1分钟，去掉血水，用清水洗净。

2．梅干菜洗净挤干水分，切成0.5厘米长的小段。

3．锅中入清水250毫升左右，加酱油、红腐乳、黄酒、桂皮、八角，放入肉块，加盖用旺火煮至八成熟，至卤汁将干时，拣去茴香、桂皮，加入味精，起锅。

4．另起锅，加油放入干菜炒，加白糖翻拌均匀。

5．取扣碗1只，先放入炒过的干菜垫底，然后将肉块皮朝下整齐地摆放，把剩下的干菜盖在肉块上。

6．再上蒸笼用旺火蒸约2小时，至肉酥糯时取出，覆扣于盘中，放上葱花即成。

成品特点：猪肉枣红、干菜油黑，鲜香油润，酥糯不腻，咸鲜中略带甜味。

制作关键：

1．应选用新鲜带皮五花硬肋肉，肥瘦相间，肉质坚实。

2．干菜要选用质嫩、清香、味鲜的绍兴产梅干菜。

3．肉块要大小均匀，焖制时间适宜，至汤汁将干即可起锅。

4．蒸时必须用旺火蒸至肉质酥糯。

5．家庭制作也可反复蒸数次，使肉与干菜的味互相吸附，更为可口入味。

营养价值：同本书第6页（东坡肉）。

保健功能：同本书第6页。

【典故】鲁迅故乡的干菜焖肉难做好吃，据传系明代才子徐文长首创。徐文长虽诗、文、书、画无一不精，但晚年却潦倒不堪。当时，山阴城内大乘弄口新开一肉铺，请徐文长书写招牌，招牌写好后，店主便以一方五花猪肉相酬。徐文长正数月不知肉味，十分高兴，急忙回家烧煮，可惜身无分文，无法买盐购酱。想起床头甏内尚存一些干菜，便用干菜蒸煮，不料其味甚佳，从此，便在民间传了开来。干菜焖肉讲究焖烧入味，蒸制酥糯，以味取胜。香酥绵糯、油润不腻，色泽枣红、咸鲜甘美，颇有田园风味。

清汤鱼圆

烹调方法：汆　菜系：绍兴菜　编号：05

原料

主料：鲢鱼肉300克。

辅料：火腿15克、水发香菇10克、青菜心10克、笋片10克。

调料：精盐20克、鸡油50克、清汤500克。

制作过程：

1．将鱼肉刮成蓉，再将刮好的鱼蓉放入清水中漂洗，把鱼蓉中的血水去掉。

2．将洗干净的鱼蓉用刀剁细，放入碗中加水、加精盐打上劲。

3．锅内加清水，把打好的鱼蓉挤到水里，挤好的鱼圆进行烧制，待鱼圆成熟装入碗中。

4．将笋片、香菇、青菜心、火腿片焯水，再把熟火腿片、笋片、青菜心置鱼圆上面，交叉成三角形，中间放熟香菇一朵。

5．锅内加清汤加精盐调味，水开后，加入鸡油，然后把汤加入碗中即可。

成品特点：汤清、味鲜、滑嫩、洁白。

制作关键：

1．鱼蓉要刮得细腻，所用鱼肉料最好是在剖杀后经半天冷藏的鲜鱼，刮时刀口要放平，刀面倾斜约60度，用力得当，刮得细，剁得透。

2．正确掌握鱼蓉放水、加精盐的比例，鱼蓉和水的比例一般是1：2（即100克鱼蓉可加水200克），根据鱼肉的新鲜度和吸水率有所伸缩，加盐量为：每500 克鱼圆料（包括加水量）用精盐18克左右。

3．鱼蓉加水，宜分2～3 次进行，“打浆”要顺同一方向不断搅拌（一般不少于500 下），至鱼蓉浆起均匀小泡即成。

4．鱼圆要冷水下锅，中小火“养”熟，要保持锅中水似滚非滚的状态，否则鱼圆易老、破碎。

营养价值：鲢鱼含有丰富的胶质蛋白，富含蛋白质、脂肪、维生素B、尼克酸、钙、磷、铁等。

保健功能：鲢鱼性温，味甘。具补中益气、健脾、通乳、利水、化湿等功能。对食少腹胀、缺乳、咳嗽、痈肿、痛经、肝炎、肾炎、水肿等均有良好食疗功效。火腿具有养胃生津、益肾壮阳、固骨髓、健足力、愈创口等作用。香菇能起到防癌作用。

清汤越鸡

烹调方法：煮、蒸　菜系：绍兴菜　编号：06

原料

主料：越鸡1只约1250克。

辅料：油菜心50克、火腿25克、冬笋25克、水发香菇10克。

调料：黄酒25克、精盐2克、味精3克。

制作过程

1．洗净的鸡，放在沸水锅中氽一下，洗去血沫。

2．取大砂锅一只，用竹箅子垫底，将鸡放入，舀入清水2500毫升，加盖用旺火烧沸，撇去浮沫。

3．改用小火继续焖煮约1小时，捞出转入品锅内，倒进原汁。

4．然后，把火腿片、笋片、香菇排列于鸡身上，加入精盐、黄酒、味精，加盖上蒸笼用旺火蒸约30分钟，取出。

5．将焯熟的油菜心放在炖好的鸡上即成。

成品特点：鸡肉白嫩、汤清鲜。

制作关键：

1．将鸡放入品锅蒸时背朝下放。

2．越鸡产于绍兴，故选鸡时要选用绍兴地区百姓精心饲养、纯种繁殖的食用越鸡。

营养价值：鸡肉同本书第9页（叫花鸡）。

保健功能：鸡肉同本书第9页。油菜有促血液循环、散血消肿、活血化瘀、解毒消肿、宽肠通便、强身健体等功效。

【典故】“清汤越鸡”系用著名的越鸡烹制成肴。绍兴在春秋时期曾是越国的故都，越王台就建于卧龙山的东侧。当时在越王宫内养有一批花鸡，专供帝王后妃观赏玩乐，后来逐步成为优良的食用鸡种，流传至今，称为“越鸡”。

绍式单腐

烹调方法：烩　菜系：绍兴菜　编号：07

原料

主料：豆腐500克。

辅料：猪瘦肉75克、鞭笋50克、虾米5克。

调料：酱油50克、味精3克、猪油30克、湿淀粉10克、胡椒粉2克、精盐2克、小葱3克、高汤200克。

制作过程：

1．将嫩豆腐切成1.2 厘米见方的小块，猪瘦肉与冬笋均切成指甲片，葱切成小粒。

2．将豆腐块放在沸水锅中焯一下，除去豆腥味，转入冷水漂洗干净，沥干水。

3．锅内加入高汤，放入猪肉丁、熟笋丁、虾米，加酱油，加盖煮3分钟，放入豆腐，加入味精，勾芡，推拌均匀，出锅。

4．用手勺背在豆腐中心压一圆坑，浇上烧热的熟猪油，撒上胡椒粉和葱粒，即可。

成品特点：羹汁浓郁，油润嫩滑，寒冬食之，热气腾腾，鲜辣适口。

制作关键：

1．豆腐要焯水，去掉豆腥味。

2．要用熟猪油浇。

营养价值：豆腐的蛋白质含量丰富，而且豆腐蛋白属完全蛋白，不仅含有人体必需的8种氨基酸，而且比例也接近人体需要。猪肉同本书第6页（东坡肉）。

保健功能：豆腐为补益清热养生食品，常食可补中益气、清热润燥、生津止渴、清洁肠胃，更适于热性体质、口臭口渴、肠胃不清、热病后调养者食用。现代医学证实，豆腐除有增加营养、帮助消化、增进食欲的功能外，对牙齿、骨骼的生长发育也颇为有益。猪肉同本书第6页。

绍式小扣

烹调方法：扣蒸　菜系：绍兴菜　编号：08

原料

主料：五花肉300克。

辅料：水发黄花菜100克。

调料：酱油20克、八角1克、黄酒15克、小葱5克、白糖15克、熟菜籽油750克（约耗60克）。

制作过程：

1. 将五花肉刮去细毛，用温水洗净，放在炒锅内煮3 分钟左右，转入冷水中洗净。放入炒锅，舀入清水浸没，用中火煮30 分钟至六成熟。

2. 将大部分汤水舀出，加入白糖、酱油稍煮，当肉皮面红润，捞起沥干，原汁留用。

3. 炒锅置旺火，下入熟菜籽油，烧至八成热，把肉块皮朝下放入油锅，迅速盖上锅盖，炸2分钟左右，捞出冷却后将肉切成10小块，水发黄花菜切成长段备用。

4. 取扣碗一只，用八角垫底，取8小块肉（皮朝下）在碗中码成瓦楞形，余下的2块放在两侧，然后，倒入原汁、黄酒、白糖及黄花菜，盖上平盘，上蒸笼用旺火蒸3小时取出，扣入盘内，撒上葱段即成。

成品特点：色泽红亮，肉质酥烂，油而不腻。

制作关键：炸肉皮前，用洁布抹干水分，在肉皮上抹少许酱油，趁热下锅油炸，炸时盖上锅盖，避免溅油伤人，见肉皮松泡，色呈金黄，即可捞出沥油。

营养价值：同本书第6页（东坡肉）。

保健功能：同本书第6页。

绉虾球

烹调方法：炸　菜系：绍兴菜　编号：09

原料

主料：虾仁750克。

辅料：鸡蛋150克。

调料：精盐2克、生粉20克、香菜15克、猪油50克、甜面酱15克、味精3克、小葱15克。

制作过程：

1．将鸡蛋磕在碗内，放入湿淀粉、精盐，打散后放入虾仁，搅拌均匀。

2．炒锅置旺火，下入熟猪油，烧至七成热，一边用长铁筷在油锅内顺时针方向划动，一边将鸡蛋虾仁糊从高处徐徐倒入油锅。

3．炸至蛋丝酥脆时，迅速用漏勺捞起，沥去油。

4．用筷子拨松装盘，围上洗净的香菜叶，配葱白段、甜面酱一同上席，即成。

成品特点：色泽金黄油润，质地香松酥脆，用葱白段、甜面酱一起蘸食，味道更佳。

制作关键：

1．要选用新鲜河虾仁。

2．掌握炸制时的油温。

营养价值：虾仁含有丰富的钾、碘、镁、磷等矿物质及维生素A、氨茶碱等成分，且其肉质松软，易消化，对身体虚弱以及病后需要调养的人是极好的食物。鸡蛋含丰富的蛋白质、钙、铁、磷、维生素等多种元素。

保健功能：虾仁中含有丰富的镁，镁对心脏活动具有重要的调节作用，能很好地保护心血管系统，它可减少血液中胆固醇含量，防止动脉硬化，同时还能扩张冠状动脉，有利于预防高血压及心肌梗死。鸡蛋能降低胆固醇、稳定血脂，能提高大脑记忆力，延缓脑细胞的衰弱，能防止肝硬化。

油炸臭豆腐

烹调方法：炸　菜系：绍兴菜　编号：10

原料

主料：压板豆腐一块。

辅料：卤水7500克。

调料：菜籽油4500克（约耗250克）。

制作过程：

1．豆腐先修掉边角料，再改刀成2.5厘米的块。

2．把切好的豆腐放入卤水中，约发酵6小时取出，平放在竹板上沥去水分。

3．锅置中火上，放入菜籽油烧至六成热时逐块下入臭豆腐块，炸至豆腐呈膨空焦脆即可捞出，沥去油，装入盘内。再用筷子在每块熟豆腐中间扎一个眼，将料汁装入小碗一同上桌即可。

成品特点：外焦脆内软嫩，味鲜香微辣。

制作关键：

1．卤水切勿沾油，要注意清洁卫生，防止杂物混入，而且要根据四季不同气温灵活掌握。

2．油温不能过高，也不能过低，关键要注意油锅上的油烟，油烟以起来看得见为好，如果油烟过大，油烧焦过后臭豆腐炸出来就有苦味，如果油烟过小或没有起来，臭豆腐就会炸不酥。

营养价值：臭豆腐中含有植物性乳酸菌，也是发酵乳中常用的益生菌。有“植物性乳酸菌研究之父”之称的日本东京农业大学冈田早苗教授发现，臭豆腐、泡菜等发酵食品中，含有多种生物活性物质，包括单宁酸、植物碱等，而植物性乳酸菌在肠道中的存活率比动物性乳酸菌高。

保健功能：吃臭豆腐，对预防老年痴呆有积极作用（一项科学研究表明，臭豆腐一经制成，营养成分最显著的变化是合成了大量维生素B_{12}。每100克臭豆腐可含有10微克左右。缺乏维生素B_{12}会加速大脑老化进程，从而诱发老年痴呆。而除动物性食物，如肉、蛋、奶、鱼、虾含有较多维生素B_{12}外，发酵后的豆制品也可产生大量维生素B_{12}，尤其是臭豆腐含量更高）。

【典故】清朝康熙年间，一个名叫王致和的人，在北京前门外延寿街开了一家豆腐坊。一年夏天，王致和因要给儿子娶媳妇，急等着用钱，就让全家人拼命地多做豆腐。说也不巧，做得最多的那天，来买的人却最少。大热的天，眼看着豆腐就要变馊，王致和非常心疼，急得汗珠直滚。常言道，“急中生智”。当汗珠流到嘴里，一股咸丝丝的味儿，忽然使他想到了盐。他怀着侥幸心理，端出盐罐，往所有的豆腐上都撒了一些盐，为了减除馊味，还撒上一些花椒粉之类，然后把它们放入后堂。

过了几天，店堂里飘逸出一股异样的气味，全家人都很奇怪。还是王致和机灵，他一下子想到发霉的豆腐，赶快到后堂一看：呀，白白的豆腐全变成一块块青方!他信手拿起一块，放到嘴里一尝：嗬，我做了一辈子豆腐，还从来没有尝过这样美的味道！王致和喜出望外，立刻发动老婆孩子，把全部青方搬出店外摆摊叫卖。摊头还挂起了幌子，上书“臭中有奇香的青方”。

市人从未见过这种豆腐，有的出于好奇，买几块回去；有的尝过之后，虽感臭气不雅，但觉味道尚佳。结果一传十，十传百，不到一上午，几屉臭豆腐售卖一空。

后来，许多豆腐店效法王致和，都做起臭豆腐来，但生意终不及王致和豆腐店，于是，也纷纷打起“王致和”的字号，以假冒真，为的是扩大销路多赚钱。以前北京到处都是“王致和豆腐店”，就是这样形成的。

酱 鸭

烹调方法：蒸　菜系：绍兴菜　编号：11

原料

主料：白鸭1只约1500克。

调料：花椒盐30克、酱油1000克、小葱10克、生姜10克、黄酒3克。

制作过程：

1．洗干净的鸭子沥干水分，撒上花椒盐，均匀涂抹在鸭的全身。

2．用竹扦在肉厚的地方插几个小洞，便于入味。

3．擦好以后放入缸里，倒入酱油，用大石头压实，在0 ℃左右的气温中腌制36小时。36小时后拿出来翻个面再腌制36小时，就可以拿出来晒制了，用特制的工具在鸭的鼻孔处穿起来，便于晾晒。

4．将腌过的酱油加水50%放入锅中煮沸，去掉浮沫，用手勺将卤水不断浇淋鸭身，至鸭呈酱红色。

5．把鸭子晾晒起来，用竹筷把鸭腔向两侧撑开，便于晾晒。

6．在阳光下晒两三天即成。

7．晒好的酱鸭放小葱、生姜、黄酒蒸1.5小时。

8．蒸好的酱鸭改刀装盘即可。

成品特点：口味鲜香，入口有嚼劲。

制作关键：

1．用花椒盐均匀涂抹鸭的全身，使其入味。

2．鸭子入锅后，改用小火，一是使鸭子熟透，二是保持鸭皮完整。

3．鸭子冷却后再切，保持鸭形完整。

营养价值：鸭肉中的脂肪酸熔点低，易于消化，所含B族维生素和维生素E较其他肉类多，含有较为丰富的烟酸，它是构成人体内两种重要辅酶的成分之一。

保健功能：鸭肉味甘微咸，性偏凉，入脾、胃、肺及肾经，具有滋五脏之阴、清虚劳之热、补血行水、养胃生津、止咳息惊等，即有清热解毒、滋阴降火、止血痢和滋补之功效，特别是对麻疹患者、热症的治疗有明显疗效。还有鸭血、鸭肝、鸭胆和鸭蛋清也具药用价值。

【典故】楚昭王时，楚国郢都宫廷里有一位名叫石纠的厨师，手艺高超，经他烹制的菜肴，精

美无比，深得楚王和内臣外宾的喜爱。石纠为了尽孝和报答乡亲，辞掉宫中的差事，把自己制作的酱鸭和酱蛋给楚王。楚王品尝后大加赞赏，对石纠孝敬老母、报答乡亲的行为更是赞不绝口。他传令下去，将酱鸭和酱蛋赐名为“贡品酱板鸭”“贡品酱鸭蛋”，常年生产，供应楚宫。石纠领着乡亲们，靠着生产贡品过上了好日子。这贡品酱板鸭、酱鸭蛋的美食和独特制作工艺也传到了今天。

头肚醋鱼

烹调方法：烧　菜系：绍兴菜　编号：12

原料

主料：青鱼400克。

辅料：茭白50克。

调料：胡椒粉2克、甜面酱10克、米醋20克、白糖25克、黄酒25克、酱油30克、水淀粉10克、生姜3克、小葱2克、猪油50克。

制作过程：

1. 将青鱼宰杀去内脏，取头、肚裆洗净，斩成长5厘米、宽2厘米的长方块。
2. 茭白切成小长方块。
3. 将炒锅置旺火上，下入熟猪油，烧至六成热，放入鱼块，将炒锅颠翻几下，烹入黄酒，加酱油、白糖、甜面酱、笋块和汤水，加盖烧沸后，再烧5分钟。
4. 用米醋、湿淀粉调匀勾薄芡，淋入熟猪油。
5. 炒锅一旋一翻，起锅装盘，撒上葱末、姜末、胡椒粉即成。

成品特点：菜品色泽红亮，头肚肉质活络，汤汁浓滑，配用甜面酱、米醋烹制，味鲜而略带酸甜。

制作关键：

1. 选用2~3公斤重的活青鱼，现烧现吃。
2. 鱼头及肚裆不宜多煮，芡要薄。
3. 少翻锅，防止鱼肉破碎。

营养价值：青鱼头肉质细嫩、营养丰富，除了含蛋白质、脂肪、钙、磷、铁、维生素B_1，还含有鱼肉中所缺乏的卵磷脂，含丰富的不饱和脂肪酸。

保健功能：青鱼头不仅可以健脑，还可延缓脑力衰退。另外，鱼鳃下边的肉呈透明的胶状，里面富含胶原蛋白，能够对抗人体老化及修补身体细胞组织。

【典故】“头肚醋鱼”是绍兴百年老店“兰香馆”的传统风味菜。该馆坐落在市内水上交通中心——大江桥堍，过去，店主人别出心裁地在店后的河上置一只木船，专门活养二三公斤重的鱼，以招待顾客。选用鱼头和肚裆为主料，现烧现吃的“头肚醋鱼”，颇受客商青睐，成为家喻户晓的绍兴风味菜。

育人元素：学无止境

唯有书香，方能致远

茅天尧

烹饪是科学、是文化、是艺术。这不是一句口号，却是实实在在地道出了烹饪的真谛。

烹饪技艺博大精深。自屈原《问天》“彭铿斟雉帝何飨”的彭铿原；北宋《春渚纪闻》的尚食刘娘子；袁枚《随园食单》的王小余；他（她）们的高超厨艺，丰富的知识被人叹服。为厨者当析万物之理，解百味之惑，贯古通今，方能博众家之长，纳智慧之光，作厨才能游刃有余，烹制自如。庖丁解牛源于厨艺的精进，知识的沉淀与贯通。“十景冷拼”要拼摆得平整均匀，刀面线线精准、平整均衡、色彩和谐，离不开几何图形与美学的知识；烹饪好菜品需要必要的物理和化学知识、营养学和中医学等知识作辅垫……。不胜枚举，管中窥豹。

学而知之，学而时习之。就是被人们视为最简单的剖鱼，也涉及到解剖学的知识，若不知晓，极可能将其苦胆剖破，造成不必要的报废，以小见大，见微知著。因此，掌握相关学科知识对为厨者是不可或缺的。学习是知识的源泉，厨师的必修课。读书是获得知识的重要途径，知识是厨师的软实力，突破瓶颈的独门秘诀，思想的碰撞，理念的更新，技术的进步，菜品的创造都需要知识的不断深化，都离不开相关学科知识的助力与赋能，我们必须扎扎实实地学习好、武装好，无一事而不学，无一时而不学，无一处而不学，唯有书香，方能致远。

2022年11月16日

思考与讨论

1. 如何理解唯有书香、方能致远的深刻内涵？
2. 简述绍兴菜的特点。请逐一列举绍兴菜的十大风味。
3. 简述传统名菜干菜焖肉的制作工艺流程、营养价值与保健功能。
4. 着重分析传统名菜清汤鱼圆的制作关键。
5. 制作1个自己设计的创新菜肴，写出制作过程、创新点并附图片。

温州菜

温州菜概述

温州地处浙南沿海，气候湿和，特产丰富，是一座历史悠久的城市，汉时建立东瓯王国，东晋时立为永嘉郡，唐代改为温州府，到宋代温州已发展成为一个繁华的商业城市。长期以来，温州人民善于利用本地得天独厚的水产品资源，制作出众多脍炙人口的佳肴美点，逐步形成了具有地方特色风味的温州菜。

温州古时称“瓯”，素以“东瓯名镇”而著称，因此，温州菜便被称为“瓯菜”。

瓯菜，中国八大菜系之一浙菜中的一大流派，与杭州菜、宁波菜、绍兴菜并称浙菜四大流派。瓯菜以海鲜入馔为主，口味清鲜，淡而不薄，注重真味本色。烹调讲究“二轻一重”，即轻油、轻芡、重刀工的特点，这与瓯越文化息息相关。温州地处浙南沿海，饮食多以海鲜鱼类为原料制作。《史记·货殖列传》载：“楚越之地，饭稻羹鱼，或火耕而水耨，果隋蠃蛤。”足可见温州人无“鱼”不欢。温州地形又以丘陵居多，古时交通闭塞，手工业表现出强大的生命力，这也使温州人在瓯菜的制作上呈现出了精雕细琢的风格。瓯菜味道鲜美，做工一绝，可谓内外兼修。

瓯菜在制作工艺上，博采同行的长处，吸收其他菜系的精华，瓯菜造型美观，精巧细致，清秀雅丽。其风格和特色可概括如下：

一、以海鲜入馔为主。温州地处浙南沿海，水产品资源丰富，海产鲜货鱼、虾、蟹、贝等四季不断，海味干货鱼翅、鱼唇、鱼皮、鱼骨和鱼干、虾米等全年不乏。历代瓯菜厨师们不断实践，不断总结，不断创新，利用本地丰富的自然资源，创作出许许多多名菜佳肴。代表菜有三丝敲鱼、蒜子鱼皮、双味蝤蛑、五味煎蟹、爆墨鱼花、三色鱼丝、雪丽红梅、大汤鱼脯、明月跳鱼、蟹黄扒鱼翅等，这些菜肴无论是原料还是烹调手法，都具有浓烈的地方风味特色。

二、口味清鲜，淡而不薄，这是瓯菜的口味特点。形成这一特点的原因是温州沿海地区气候温和，人们的饮食习惯爱清淡平和，而不喜大咸、大甜、大酸、大辣；其次是原料多为海产品，质地鲜嫩腴美；再是烹调因材施艺。味是菜肴的灵魂，针对本身鲜味足、质地嫩的海鲜原料，瓯菜非常重视保持和突出原料本身的鲜味。在烹调用料搭配及方法上，都是以突出海鲜的鲜嫩，确保海鲜的原汁原味为主，如传统名菜三片敲虾、清蒸黄鱼、翡翠鱼珠、芙蓉蝤蛑、橘络鱼脑、跳鱼羹、蛏子把等，都是以蒸、氽、烩诸法烹调的，口味纯真，口感滑嫩。瓯菜口味的清淡，绝非淡薄无味，

而是清鲜味醇。对于本身淡而无味的海味干货，如鱼翅、鱼唇、鱼皮、鱼骨等，非常注重去腥和增鲜，往往通过冷热反复发透后，还要经过长时间的水漂以及余水、套汤等多道工序去掉腥味，最后用调制好的鲜汤烹之，达到口味既清鲜又醇厚。

三、烹调方法轻油轻芡，适应人们的饮食习惯，这也是形成瓯菜独特风格的综合体现。在用油上，瓯菜一向只根据菜肴加热与增香的需要，适当用油。在用芡上，瓯菜也是很轻的，炒菜要求汁少芡薄，烧烩菜一般也只用流芡，要求汤汁稍为稠浓，食之有滋润感。

四、注重刀工是瓯菜制作的重要环节。刀工是烹调的基础，瓯菜的刀工向来细腻、严谨，善于综合运用多种刀法，对各种原料的处理均有章可循。刀工成形讲究整齐划一，相对统一，长短一致，大小厚薄均匀，不仅美观悦目，而且使其加热成熟一致，入味均匀，确保菜肴的嫩度和鲜度。瓯菜的造型，注重菜肴色彩形态自然美观。它凭借精细的刀工，巧妙的配色，准确的火候等烹饪技艺和烹饪美学的有机结合，构成一道道鲜美可口、绚丽多姿、美观大方的美馔佳肴。

除此之外，随着城市的发展，饮食的进步，在传统的特点之外，瓯菜厨师也不断地进行传承与创新，同时更离不开对外来饮食文化和烹饪技艺的充分吸收，融合其可取之处，不断推动瓯菜蓬勃发展。

蛏子把

烹调方法：蒸　菜系：温州菜　编号：01

原料

主料：蛏子300克。

辅料：韭菜80克。

调料：精盐3克、味精2克、料酒5克、胡椒粉1克、姜片5克。

制作过程：

1. 蛏子放入盐水中，吐尽泥沙。
2. 韭菜放入滚水中约1分钟烫熟，便于扎蛏子。
3. 将蛏子4个一捆，用韭菜扎紧。
4. 把扎好的蛏子放入碗中，放入姜片。
5. 汤烧开，加盐、胡椒粉、味精、料酒，调好的汁倒入蛏子中，大火蒸2分钟即可。

成品特点：蛏子鲜嫩，汤清味醇。

制作关键：

1. 蛏子一定要吐尽泥沙。
2. 掌握好蒸制时间。

营养价值：蛏肉含丰富蛋白质、钙、铁、硒、维生素A等营养成分。

保健功能：具有补阴、清热、除烦、解酒毒等功效。对产后虚损、烦热口渴、湿热水肿、痢疾具有一定治疗作用。

江蟹生

烹调方法：生醉　菜系：温州菜　编号：02

原料

主料：梭子蟹750克。

调料：白酒3克、黄酒2克、酱油2克、白糖1克、米醋3克、精盐2克、味精2克、胡椒粉1克、麻油2克、小葱3克、生姜5克、大蒜2克。

制作过程：

1. 将红膏蟹处理掉胃腹，切掉蟹角、蟹尾，斜切成3块，再切成小块，用白酒和精盐腌10分钟（用高度白酒），杀菌消毒。

2. 把生姜、米醋、酱油、黄酒、白糖、味精、香油兑成汁。

3. 倒掉腌出来的汁水。

4. 将调料淋入蟹盘中，加入胡椒粉，撒上葱花。

成品特点：

1. 吃起来不粘壳不带腥，嘬嘴轻轻一吸，蟹肉便脱离蟹壳滑入口中。

2. 咸鲜微辣。

制作关键：

1. 梭子蟹要新鲜，改刀要大小均匀，不宜过大。

2. 腌制时一定要用高度的白酒，杀菌消毒。

营养价值：梭子蟹营养丰富，含有多种维生素，其中维生素A高于其他陆生及水生动物，维生素B_2是肉类的5~6倍，比鱼类高出6~10倍，比蛋类高出2~3倍。维生素B_1及磷的含量比一般鱼类高出6~10倍。含有蛋白质、脂肪、磷、钙、铁。蟹壳除含丰富的钙外，还含有蟹红素、蟹黄素等。

保健功能：梭子蟹有抗结核作用，吃蟹对结核病的康复大有补益。梭子蟹性寒、味咸，归肝、胃经；有清热解毒、补骨添髓、养筋接骨、活血祛痰、利湿退黄、利肢节、滋肝阴、充胃液之功效；对于淤血、黄疸、腰腿酸痛和风湿性关节炎等有一定的食疗效果。

酱鸭舌

烹调方法：酱炒　菜系：温州菜　编号：03

原料

主料：鸭舌20只。

调料：老抽50克、酱油3克、色拉油3克、麦芽糖50克、蚝油5克。

制作过程：

1．锅内加水烧开，放入鸭舌蒸2~3分钟。

2．鸭舌蒸好后的汁倒在另一个锅里面备用，然后加调味品，蚝油、老抽、酱油、麦芽糖，把麦芽糖熬化，加入油，再把鸭舌倒入锅中，翻炒，收汁即可。

3．出锅装盘。

成品特点：酱香浓郁，甜咸嫩脆。

制作关键：

1．鸭舌要选用新鲜的来制作。

2．鸭舌制作之前需要处理干净。

3．酱汁不要烧焦。

营养价值：鸭舌富含维生素A、蛋白质等，具有丰富的营养价值。

保健功能：

1．强身健体，鸭舌蛋白质含量较高，易消化吸收，有增强体力、强壮身体的功效。

2．健脑益智，鸭舌含有对人体生长发育有重要作用的磷脂类，对神经系统和身体发育有重要作用，对老年人智力衰退有一定的作用。

3．鸭舌对营养不良、畏寒怕冷、乏力疲劳、月经不调、贫血、虚弱等有很好的食疗作用。

4．中医认为鸭舌有温中益气、健脾胃、活血脉、强筋骨的功效。

金钱鱼皮

烹调方法：烧　菜系：温州菜　编号：04

原料

主料：鱼皮300克。

辅料：大蒜150克、西蓝花50克。

调料：老抽10克、蚝油5克、精盐3克、鸡粉5克、红烧汤100克、清汤100克、熟猪油200克、色拉油100克。

制作过程：

1．鱼皮切长方厚片，放沸水中焯水，加老抽、生姜，焯约3分钟，捞出鱼皮。

2．蒜剥去蒜衣，修齐两头，锅内加水，蒜出水捞出。

3．锅加热，加熟猪油，放入大蒜，熬熟、熬透、熬出香味。

4．锅内加水、精盐，放入西蓝花，水滚时捞出西蓝花。锅洗净加油，放入西蓝花炒，加精盐，倒出待用。

5．锅内加入蒜油、老抽、蚝油、鸡汤、红烧汁，倒入鱼皮，焖20多分钟，用小火收汁，加入蒜油装盘即可。

成品特点：色亮汁浓，皮糯入味，蒜香突出。

制作关键：

1．鱼皮要充分发好（厚鱼皮可发至3～6 厘米厚），焖软后的鱼皮，要经改刀，清水漂2天以上才能用于烹调。

2．在正式烹制前，鱼皮必须经反复出水及用白汤、黄酒煮后换水，以清除腥味。

3．掌握好火候，做到旺火烧沸，小火烧透，再用旺火收汁并勾芡，才能使鱼皮烧入味。

4．因有用油熬软蒜的过程，需准备熟猪油200克。

营养价值：鱼皮含有丰富的蛋白质和多种微量元素，其蛋白质主要是大分子的胶原蛋白及粘多糖的成分，是女士养颜护肤美容保健佳品，近年医学研究发现，鱼皮中的白细胞——亮氨酸有抗癌作用。

保健功能：鱼皮味甘咸性平，具有滋补的功效。

酒蒸大黄鱼

烹调方法：蒸　菜系：温州菜　编号：05

原料

主料：大黄鱼1条约750克。

辅料：香菇50克、火腿100克。

调料：黄酒8克、精盐3克、味精2克、白糖2克、胡椒粉2克、小葱10克、生姜10克。

制作过程：

1．大黄鱼洗净，剥去头皮，从背部进刀，劈开鱼头，加工成鱼肚相连的一整片鱼。

2．去掉大黄鱼腹部的黑膜，在主骨处的内侧剁几刀，在带主骨的背部剞上3刀，加精盐、黄酒进行腌制。

3．火腿切成长6厘米、宽3厘米的大片，香菇、生姜改刀成与火腿相似的大片。

4．将切好的火腿、香菇、生姜片按序放在鱼身上，葱白切段，放在鱼身上。

5．加精盐、白糖、黄酒、味精，蒸约5分钟，撒上胡椒粉即可。

成品特点：鱼肉细嫩、口感香滑、酒味芬芳。

制作关键：

1．大黄鱼应该选用优质大黄鱼。

2．蒸鱼之前要进行腌制。

3．蒸制的时间不宜过久。

营养价值：大黄鱼味美，含有丰富的蛋白质、微量元素和维生素，其中，大黄鱼富含微量元素硒。

保健功能：大黄鱼有健脾开胃、安神止痢、益气填精之功效，对贫血、失眠、头晕、食欲不振及妇女产后体虚有良好疗效。同时大黄鱼富含大量的微量元素硒，能清除人体代谢产生的自由基，能延缓衰老，并对各种癌症有防治功效。

敲虾汤

烹调方法：汆　菜系：温州菜　编号：06

原料

主料：九节虾16只。

辅料：小菜心8棵、水发香菇1朵。

调料：精盐3克、黄酒2克、白胡椒粉1克、葱花2克、清油3克、干淀粉200克。

制作过程：

1. 把虾去头、去壳，但保留尾部最后一节虾壳。从背部剪开，剔除黑沙肠，洗干净，用纸巾抹干水分待用。

2. 虾片拍上干淀粉，用擀面杖逐只轻轻摊敲成扇形片。

3. 敲好的虾要注意防止粘连，分开摆放。

4. 小菜心、香菇加工。

5. 敲好的虾片放入滚水中一汆，捞出放入冷水中。

6. 锅内加清汤、精盐、味精、胡椒粉，放入虾片，放入小菜心、香菇、黄酒，烧沸后起锅盛入碗中，淋上清油即可。

成品特点：口味鲜香，虾肉滑嫩，色泽明亮诱人。

制作关键：敲虾时力度要均匀。

营养价值：虾中含有20%的蛋白质，是蛋白质含量很高的食品之一，是鱼、蛋、奶的几倍甚至十几倍，虾和鱼肉相比，所含的人体必需氨基酸缬氨酸并不高，但却是营养均衡的蛋白质来源，另外，虾类含有甘氨酸，这种氨基酸的含量越高，虾的甜味就越高。

保健功能：增强人体免疫力，通乳汁，缓解神经衰弱，有利于病后恢复，预防动脉硬化，消除“时差症”。

温州鱼丸

烹调方法：氽　菜系：温州菜　编号：07

原料

主料：鮸鱼约750克。

调料：精盐3克、味精2克、白糖2克、黄酒3克、葱末5克、姜末5克、生粉10克。

制作过程：

1．鮸鱼洗净，沥干水分，去骨，去红筋，把鱼块先切成片，再切成丝。

2．鮸鱼放入盆中，加精盐、黄酒、味精、白糖、姜末在盆中揉，揉至有黏性，加入淀粉，揉至起劲，放入冰箱约半小时。

3．锅内加水，水烧开加精盐，把鱼肉用手逐一掰入开水中，等鱼丸浮起捞出，装入盘中撒上葱花即可。

成品特点：鱼丸口感Q弹，肉质鲜嫩，成品色泽诱人。

制作关键：加工鱼肉时，可适当加入生粉，使之有黏性。

营养价值：鱼肉含有叶酸、维生素B_2、维生素B_{12}等维生素，含有丰富的镁元素，富含维生素A、铁、钙、磷等，含有丰富的完全蛋白质。脂肪含量较低，且多为不饱和脂肪酸。

保健功能：鱼肉中还含有多种脂肪酸，这种物质能够防止血黏度增高，可有效防止心脏病的发生，并能强健大脑和神经组织以及眼睛的视网膜。科学家的一项最新研究表明，脂肪酸还起到治疗慢性炎症、糖尿病和某些恶性肿瘤的作用。

温州鱼饼

烹调方法：蒸　菜系：温州菜　编号：08

原料

主料： 鮸鱼约750克。

辅料： 豆腐1盒、肥膘5克。

调料： 精盐5克、味精2克、白糖5克、黄酒5克、葱末5克、姜末5克、生粉10克。

制作过程：

1. 鮸鱼洗净，沥干，去红筋，把鱼块先切成片，再切成丝。

2. 鮸鱼放入盆中，加精盐、黄酒、味精、白糖、葱末、姜末在盆中揉至有黏性，加入淀粉，揉至起劲，加入肥膘，加入半块豆腐，继续揉，并揉成团摔打，使鱼蓉有韧性，再揉成整条的饼状。

3. 锅内加水，放入鱼饼蒸约15分钟，取出，改刀成厚片，装盘即可。

成品特点： 肉质鲜嫩，鲜而不腥，低脂肪，营养极为丰富。

制作关键：

1. 鱼皮鱼骨要去干净，否则影响成品。

2. 掌握揉、摔的程度。

营养价值： 同本书第86页（温州鱼丸）。

保健功能： 同本书第86页。

绣球银耳

烹调方法：蒸　菜系：温州菜　编号：09

原料

主料：鲢鱼约200克。

辅料：水发银耳100克、莴笋丝100克、玉米汁200克、蟹子5克。

调料：淀粉100克、精盐3克、鸡精2克、味精2克、小葱5克、生姜5克、色拉油1克。

制作过程：

1. 鲢鱼刮蓉，排剁细，放碗中，加精盐、味精、葱姜水，朝一个方向打上劲。

2. 将水发银耳略切，加入鱼蓉中搅拌，做成球状，上笼蒸熟。

3. 玉米汁上锅加精盐、味精勾芡，放入碗中。

4. 锅中加清汤、精盐、味精勾芡。把余熟的莴笋丝放入盘中，绣球银耳放莴笋上，把芡汁淋浇在绣球银耳上，把玉米汁盛入盘中即可。

成品特点：玉米汁滑润浓香，绣球脆嫩鲜美。

制作关键：

1. 鱼蓉要搅打上劲。

2. 勾芡时，要掌握好芡汁的厚薄。

营养价值：银耳含有多种氨基酸和酸性异多糖等化合物，不但营养价值高，而且具有较高的药用价值，被人们誉为“菌中之冠”。鲢鱼同本书第67页（清汤鱼圆）。

保健功能：鲢鱼性温，味甘。具补中益气、健脾、通乳、利水、化湿等功能。对食少腹痛、缺乳、咳嗽、痈肿、痛经、肝炎、肾炎、水肿等均有良好食疗功效。银耳常用于虚劳咳嗽、痰中带血、虚热口渴、大便秘结、妇女崩漏、神经衰弱、心悸失眠。对于白细胞减少症、慢性肾炎、高血压、血管硬化症也有一定的疗效。

炸熘黄菇鱼

烹调方法：炸熘　菜系：温州菜　编号：10

原料

主料：黄菇鱼1条约1000克。

辅料：胡萝卜50克、黄瓜50克、马蹄50克。

调料：白糖10克、米醋15克、酱油10克、黄酒3克、胡椒粉2克、葱末5克、姜末 3克、蒜末3克、干淀粉200克、湿淀粉15克。

制作过程：

1．黄菇鱼洗净，在鱼的两侧厚肉处每间隔2厘米斜切一刀。

2．用味精、精盐、黄酒、胡椒粉调成汁，淋在鱼身上，腌约10分钟，在鱼身上均匀地拍上干淀粉。

3．锅烧热，加入色拉油，加热到七成热时，把拍好粉的鱼抖一下，去掉多余的生粉，把鱼放入漏勺中，使鱼弯曲成型，用马勺把油均匀地淋浇在鱼身上，炸至鱼结壳成型；油温升至七八成热时，再次放入鱼炸至金黄色，捞出放入盘中。

4．锅烧热加油，放入胡萝卜、黄瓜、马蹄炒熟，加入生姜末、蒜末、葱末，加入清水、酱油、米醋、白糖，待汤汁滚起勾芡，并加热油推匀，迅速淋浇在鱼身上即可。

成品特点：烹制讲究，热芡浇热鱼，声色俱佳，食之外脆里嫩，甜酸可口。

制作关键：

1．刀工处理要正确。

2．拍粉要均匀。

3．炸至鱼结壳。

营养价值：现代营养学研究发现，黄花鱼的蛋白质含量较高，并富含脂肪、钙、磷、铁、碘以及欧米伽-3脂肪酸等，有较高的药用价值。

保健功能：黄花鱼有健脾开胃、安神止痢、益气填精之功效，对贫血、失眠、头晕、食欲不振及女性产后体虚有良好的疗效。

咸鲜鲵鱼

烹调方法：蒸　菜系：温州菜　编号：11

原料

主料：鲵鱼1条约750克。

调料：精盐3克、黄酒3克、生姜5克、小葱5克。

制作过程：

1．鲵鱼去鳞，洗净，切成5厘米左右的块，用精盐腌约15分钟（使鱼肉更加结实，口感好）。

2．把腌渍的鲵鱼洗净，加姜片、葱段放入锅中蒸约10分钟出锅，淋上明油即可。

成品特点：味道鲜美，鱼肉细嫩，咸鲜可口。

制作关键：蒸鱼时掌握好蒸制时间。

营养价值：鲵鱼肉含有叶酸、维生素B_2、维生素B_{12}等维生素，鱼肉含有丰富的镁元素，鱼肉中富含维生素A、铁、钙、磷等，含有丰富的完全蛋白质。脂肪含量较低，且多为不饱和脂肪酸。

保健功能：鲵鱼肉中还含有多种脂肪酸，这种物质能够防止血黏度增高，可有效防止心脏病的发生，并能强健大脑和神经组织以及眼睛的视网膜。科学家的研究表明，脂肪酸还起到治疗慢性炎症、糖尿病和某些恶性肿瘤的作用。

蟹黄雪蛤豆腐

烹调方法：烩　菜系：温州菜　编号：12

原料

主料：水发雪蛤500克、豆腐5盒。

辅料：蟹黄50克。

调料：味精2克、精盐3克、清汤1000克、胡椒粉2克、葱姜油3克、淀粉5克。

制作过程：

1．将豆腐改刀切块，加精盐、清汤、味精，上笼蒸入味。

2．涨发好的雪蛤焯水，捞出待用。

3．热锅入葱姜油、蟹黄，加入精盐慢熬，熬出香味，加清汤、雪蛤、味精、精盐、胡椒粉，调好味勾芡备用。

4．把豆腐放入碗中，加入蟹肉汁，再加入蟹黄即可。

成品特点：鲜嫩柔滑，蟹香浓郁，豆味香浓，软滑丰腴。

制作关键：

1．豆腐选用嫩豆腐。

2．勾芡时注意厚薄，否则影响成品美观。

营养价值：

1．蟹黄中含有丰富的蛋白质、磷脂和其他营养物质，营养丰富，但是同时含有较高含量的油脂和胆固醇。雪蛤含有大量的蛋白质、氨基酸、各种微量元素、动物多肽物质。

2．豆腐营养丰富，含有铁、钙、磷、镁等人体必需的多种微量元素，还含有糖类、植物油和丰富的优质蛋白，素有“植物肉”之美称。

保健功能：雪蛤具有养颜润肺、白皙皮肤、延缓衰老、滋肤养阴、补充雌性激素、提高人体免疫力、促进新陈代谢、调节人体内分泌、软化心脑血管、补肾益精、降血脂、改善睡眠、推迟更年期作用。豆腐作为食药兼备的食品，具有益气、补虚等多方面的功能。

育人元素：敬业精神

继承不循古，创新不弃旧

潘晓林

我是潘晓林，浙江省首席烹饪技师，享受国务院政府特殊津贴的专家，曾获浙江餐饮界“终身成就奖”、全国餐饮行业最高奖“中国烹饪大师金爵奖”，我的省级大师工作室被评为“浙江省优秀等级工作室”。

为了改变瓯菜在传承和创新中“有菜无谱”的历史和现状，我历时10年，带领团队收集整理瓯菜经典和创新菜式，编写和指导菜品拍摄，于2001年出版《中国瓯菜》第一辑。2018年，又出版了《中国瓯菜》第二辑。第二辑精选了包括经典传统菜肴、时尚创新菜品以及温州特色小吃点心等在内的200多道瓯菜。在澳门举行的第24届国际美食美酒图书大赛颁奖典礼上，《中国瓯菜》第二辑荣获“2018年度特殊贡献奖”和“亚洲最佳美食图书设计奖”两项大奖。国际美食美酒图书大赛被称为饮食出版界的“奥斯卡”，一本书同届获得两个大奖，国内尚属首次。

我热爱烹饪这个行业，从厨四十多年了，还时刻保持孩童般的好奇心，越学越觉得烹饪这门学科的深奥。我希望尽我的力量，带领业界精英，依托社会力量，持之以恒地将瓯菜事业做大做强，把这个历史悠久的菜系不断创新、提升，一代一代地传承下去。

2022年11月16日

思考与讨论

1. 你是如何理解“继承不循古，创新不弃旧”这句话的含义？
2. 简述温州菜的风格和特色。
3. 浅析潘晓林大师出版《中国瓯菜》书籍折射出的育人元素。
4. 简述传统名菜温州鱼饼的制作工艺流程、营养价值与保健功能。
5. 制作1个自己设计的创新菜肴，写出制作过程、创新点并附图片。

湖州菜

湖州菜概述

自楚国春申君黄歇置菰城始，湖州已有2250余年的建城历史。《明一统志》记云:“江表大郡，吴兴第一。”自古享有“丝绸之府”“鱼米之乡”的盛誉。

湖州的烹饪美食文化也是博大精深，源远流长。据《国史总叙》称:“湖州人性敏柔，以厚于滋味”。《湖州风俗志》将“讲究衣食，乐事文娱”作为湖州四大风俗特点之一。这里“食则鱼肉荤素，各式糕点，都很讲究；饮则陆羽遗风（茶）和太白遗风（酒）都堪称盛”。就拿“湖州”这个地名来说，也与饮食结下了不解之缘。在它发轫之初，以泽多菰草而名“菰城”。菰草者，即今茭白品种之一，乃是较为上乘的蔬菜品种。秦王嬴政二十五年，改菰城为乌程县，因境内乌巾、程林两姓善酿的名酒而得名。隋仁寿二年（公元602年），于乌程置湖州，因地滨出产鲜美鱼虾的太湖而得名。

这一切，并非仅仅是机缘而已，而是从地名志史文化中折射出了湖州不仅是“踏遍江南清丽地，人生只合住湖州”的风光宜人之地，而且古往今来，天华物阜，物产富庶。宋湖州太守苏东坡曾在诗中做过描述：“余杭自是山水窟，仄闻吴兴更清绝。湖中橘林新著霜，溪上苕花正浮雪。顾渚茶芽白于齿，梅溪木瓜红胜颊。吴儿鲙缕薄欲飞，未去先说馋涎垂。”唐、宋、明、清时期，湖州为藩封重地，庖厨以乌程善酿之美酒，湖州十二类鲜活鱼虾，安吉的春笋、冬笋、笋衣，湖州双林、练市、德清新市等地的湖羊，长兴的白果、板栗和青梅，山区丘陵的土特风味，太湖中的“三宝”（银鱼、白虾和梅鲚）和各类时鲜豆、瓜、菜、姜、栗、椒作为烹饪原料。如此丰富多彩的物产，为湖州太湖菜的形成与发展，奠定了雄厚的物质基础。

古往今来，湖州是美食家的天堂。唐代诗人皮日休的“雨来莼菜流船滑，春后鲈鱼坠钓肥”及宋代诗人苏轼的“三年京国厌藜蒿，长羡淮鱼压楚糟”等诗句，都是古人仰慕湖州太湖菜之美味，抒发那“千里莼菜，未下盐豉”之未了情缘。近百年来，湖州太湖菜有了长足的发展。清末民初，湖州的酒楼饭馆鳞次栉比，酒旗高悬街市。当时已涌现出诸如湖州荻港的“烂糊鳝丝”，湖州同丰楼菜馆的“炒三鲜”“炒什锦”，德清新市“张一品酱羊肉”“长兴爆鳝”“菱湖下昂豆腐干”，南浔“香大头菜”等名菜。那时，湖州震远同酥糖、诸老大粽子、丁莲芳千张包子等名点都已先后形成，湖州繁荣的饮食市场初露端倪。

中华人民共和国成立以后，湖州的餐饮行业快速发展，太湖菜肴在博采众长中制作越来越精，选料越来越广，品种也越来越多样化。20世纪70年代中期，当时的湖州饭店能够挂牌供应水产类、猪羊肉类、家禽类、综合类、汤类等五大系列菜肴达400余个花色品种。其中不少菜肴极受群众欢迎，给予很高的评价。当时就有葱油核桃鱼卷、烂糊鳝丝等十大湖州太湖名菜被编入了《中国名菜谱》。

2003年3月5日，在湖州举行的“中国烹饪王国游”，湖州之旅开幕式暨中国湖州太湖名菜认定展示会是一次对湖州饮食文化和烹饪美食的总结和检阅，也是对湖州太湖菜的挖掘和推介。这次活动认定的江南水乡宴、民间风情宴、太湖宴等3个中国名宴，王朝盛宴等8个太湖名宴；五彩银丝面、嫦娥送月、春来鹤归、枣香酥方、蟹粉鱼蓉蛋、五子伴千岁、坛烧八味、木瓜地衣、蟹黄鱼柳、蟹黄鱼腰、毛腌太监鸡、太湖稻香鸭等12道中国名菜，张一品酱羊肉等33道太湖名菜；杏仁薄脆饼、荷花酥、粽子酥、南瓜圆子、防风熏豆茶、传统千张包、蟹粉汤包、传统鲜肉大馄饨、蜂窝蛋黄饺、诸老大粽子等10个中国名点和钱老大定胜糕等8个太湖名点及大量涌现的优质宴、菜、点，展示了当今中国湖州太湖名菜的新风貌、新亮点和新特色，开创了太湖名菜的新天地。

慈母千张包

烹调方法：煮　菜系：湖州菜　编号：01

原料

主料：千张100克、糯米饭200克。

辅料：菜心150克、肉末20克、笋丁20克。

调料：酱油3克、味精3克、淀粉15克、红烧肉汤200克、蚝油2克、小葱3克、白糖2克、生抽2克。

制作过程：

1．糯米浸泡5分钟后，加入肉末、笋丁、葱花蒸制半小时，加入生抽、蚝油、味精拌匀搓成条。

2．将千张改刀成边长12厘米的正方形12张，把糯米条包入千张中，用棉纱线扎紧。

3．将锅置火上加入红烧肉汤、酱油、白糖及包好的千张包，大火烧开后用小火煮半小时捞出，拆去棉纱线。

4．将锅置火上加水烧开，倒入菜心，焯水后捞出，淋上亮油，整齐摆放在盘中。

5．锅中加原汤，勾芡后浇在千张上，然后用筷子把浇上汁的千张包整齐地摆放在菜心上，即可。

成品特点：质感鲜糯，慈母之情。

制作关键：千张包要煮制入味。

营养价值：千张含有丰富的蛋白质、维生素、钙、铁、镁、锌等元素，营养价值较高。糯米饭中含有丰富的维生素B_1、维生素B_2、高粘度淀粉、植物蛋白、钙、铁、磷等。

保健功能：能清热润燥、补血养颜、强壮骨骼、补脑健脑、预防心血管疾病等。糯米饭能帮助人体改善机能，提高食欲，对减少腹胀也有一定的功效，还可强身壮体。

【典故】湖州传统名点。清光绪四年（1878年），29岁的丁莲芳开始挑担在湖州鱼行口卖千张包。当时市场上有牛肉粉汤、油豆腐粉丝头的推子和担子，他就稍微变化一下，将千张包放在粉丝中，大名鼎鼎的“丁莲芳千张包”应运而生。由于深受食客喜爱，丁莲芬制作的千张包名气越来越大。做法是用豆制千张、鲜猪肉、开洋、干贝、笋衣、熟芝麻、精盐、味精、黄酒等配制成馅料；再用千张作包皮，裹入馅心，制成三角形包子，与粗绿豆粉丝同煮即成。食时佐以辣油、米醋、白胡椒粉、小葱等调料。千张包的特点是肉嫩不腻，香气四溢，风味独特，营养丰富。1989年获“商业部饮食业优质产品金鼎奖”。20 世纪90年代以来，该产品用真空包装，远销国内外，深受欢迎。

脆炸银鱼丝

烹调方法：炸　菜系：湖州菜　编号：02

原料

主料：太湖银鱼200克。

辅料：面粉180克、生粉120克、泡打粉10克。

调料：精盐3克、味精2克、姜汁2克、色拉油750克（约耗70克）。

制作过程：

1．将银鱼丝用姜汁、精盐、味精腌制10分钟，备用。

2．在碗中加入面粉、生粉、清水调成糊状，加泡打粉、色拉油调成脆皮糊，备用。

3．将锅置火上，加入油烧至五成热，将腌制好的银鱼拍生粉，裹上脆皮糊下油锅炸至表皮结壳捞出，待油温升至七成热时，把银鱼复炸，炸至金黄色捞出，装盘。

成品特点：皮脆肉嫩，老少皆宜。

制作关键：掌握好脆皮糊的调制。

营养价值：银鱼属一种高蛋白低脂肪食品，高脂血症患者食之亦宜。

保健功能：中医认为银鱼味甘性平、善补脾胃，且可宜肺、利水，可治脾胃虚弱、肺虚咳嗽、虚劳诸疾。

翡翠汤虾球

烹调方法：氽　菜系：湖州菜　编号：03

原料

主料：虾蓉350克。

辅料：鱼蓉100克、荠菜末30克、胡萝卜末30克、蛋皮10克。

调料：精盐5克、味精3克、黄酒5克。

制作过程：

1．将虾蓉、鱼蓉放入碗中，加精盐、黄酒搅拌均匀，打上劲，备用。

2．把打好的虾蓉分成两份，一份加入荠菜末，另一份加入胡萝卜末，搅拌均匀，备用。

3．将锅洗净加清水，将两种虾蓉挤成直径4厘米的丸子下锅，清水加热，撇去浮沫，待水快沸时，改用小火，将鱼丸慢慢“养”熟，把丸子放入碗中，最后放入蛋皮丝即可。

成品特点：味道鲜美，色如翡翠。

制作关键：

1．虾蓉、鱼蓉要打上劲。

2．煮丸子时，水不能沸。

营养价值：同本书第12页（龙井虾仁）。

保健功能：同本书第12页。

锋味茶熏鸡

烹调方法：焖　菜系：湖州菜　编号：04

原料

主料：净本鸡1只约1250克。

辅料：茶叶2克、玫瑰花5克。

调料：香叶2克、红辣椒3克、生姜3克、桂皮3克、小葱3克、草果2克、肉蔻2克、老抽10克、生抽5克、味精5克、白糖30克、黄酒20克、食用油1000克（约耗100克）。

制作过程：

1．把鸡放入盆中，加生抽、老抽涂抹均匀，腌渍2小时，备用。

2．将锅置火上加入油，先用竹扦扎破鸡眼球，待油温升至七成热时，放入鸡炸至表皮金黄色时捞出沥干。

3．将锅留底油，放入香料炒香，加入清水大火烧开，加入黄酒、白糖、生抽、老抽、调料包，待汤汁烧开后放入炸好的鸡，改用小火加盖焖制半小时，半小时后将鸡捞出放入大砂锅中，捞去香料，收浓汤汁，浇入装鸡的砂锅中，放上茶叶、玫瑰花瓣即可。

成品特点：茶香味醇，色彩明亮。

制作关键：

1．油炸前要先用竹扦扎破鸡眼球。

2．掌握好油温、炸制的时间。

3．掌握好焖制的时间。

营养价值：同本书第9页（叫花鸡）。

保健功能：同本书第9页。

芙蓉酿蟹斗

烹调方法：蒸　菜系：湖州菜　编号：05

原料

主料：太湖大闸蟹10只（约300克）。

辅料：鸡蛋6只、红椒50克、黄瓜50克。

调料：精盐5克、味精5克、生粉50克、黄酒10克、姜汁水2克、鸡汤100克、米醋8克、熟猪油40克。

制作过程：

1．将蒸熟的大闸蟹剔肉，备用。

2．将锅加热滑锅，加入熟猪油，倒入剔好的蟹粉，加黄酒、姜汁水、鸡汤，小火熬制出蟹肉的香味，加精盐、味精、米醋翻炒，出锅备用。

3．将炒好的蟹肉装蟹兜内，鸡蛋取蛋清打成蛋泡糊，加入生粉搅拌均匀，将蛋泡糊挤在蟹兜上抹平，备用。

4．将蟹兜生坯放入盘中，上笼蒸制2分钟，取出备用。

5．将锅置火上，加入鸡汤、精盐、味精，勾芡后将芡汁淋在蟹兜上，放上雕刻好的红椒与黄瓜点缀，即可。

成品特点：味感鲜美，形如芙蓉。

制作关键：

1．掌握蟹粉的炒制。

2．掌握蛋泡糊的调制。

营养价值：蟹的营养很丰富，所含脂肪、维生素A和核黄素都较高。

保健功能：蟹对身体有很好的滋补作用，还有抗结核作用，吃蟹对结核病的康复大有补益。

【说明】芙蓉酿蟹斗因其芙蓉洁白，蟹粉鲜美，极受人们欢迎，成为上海地区历史悠久的特色名菜。大闸蟹的吃法很多，上海地区在20世纪30年代，一般多煮吃或蒸吃。一到深秋季节，饭馆、酒店、熟食店都挂牌经营清水大闸蟹。后来人们嫌用手剥太麻烦，又不卫生，于是以经营蟹宴闻名的上海“王宝和酒家”，就由厨师们剔出蟹肉，按口味精心烹制蟹菜，如“翡翠虾蟹”“蟹油龙卷”等。

金牌酱羊肉

烹调方法：焖　菜系：湖州菜　编号：06

原料

主料：湖羊肉2000克。

调料：精盐6克、味精2克、黄酒20克、酱油30克、小茴香100克、生姜10克、干辣椒10克、麦芽糖10克、白糖20克。

制作过程：

1．将羊肉改刀，切成6厘米见方的块，备用。

2．将锅置火上，加清水，将切好的羊肉块放入水中煮，撇去浮沫，把调料包（小茴香、干辣椒）放入锅中，加姜块、黄酒、麦芽糖、精盐、白糖，大火烧开改中火焖制2小时。

3．2小时后，待汤汁略浓，加入味精，出锅装盘，原汤收汁后，浇在羊肉上即可。

成品特点：酥而不烂，肥而不腻。

制作关键：羊肉在煮的过程中浮沫要撇净。

营养价值：湖羊肉含有丰富的蛋白质、脂肪，同时还含有维生素B_1、B_2及矿物质钙、磷、铁、钾、碘等，营养十分全面、丰富。

保健功能：寒冬常吃羊肉可促进血液循环，增强御寒能力。羊肉还可增强消化酶功能，保护胃壁，帮助消化。中医认为，羊肉还有补肾壮阳的作用，适合男士经常食用。

太湖野白鱼

烹调方法：蒸　菜系：湖州菜　编号：07

原料

主料：白鱼1条约750克。

辅料：菜心150克、鱼面筋150克。

调料：精盐5克、味精3克、黄酒10克、姜汁10克、熟猪油15克、白醋5克、高汤100克。

制作过程：

1．将白鱼宰杀，洗净，改刀，取下鱼头、鱼尾，去掉主骨，每隔1.5厘米改斜刀（腹部仍相连），备用。

2．将改刀好的鱼，鱼皮朝下放入盘中呈扇形，加入精盐、味精、黄酒、生姜汁、熟猪油上笼蒸制5分钟，取出备用。

3．将锅洗净加水，待水沸后加入菜心氽熟，捞出淋上亮油，装盘备用。

4．将锅内加入油，油温升至五成热时，下鱼面筋炸至金黄色，捞出装盘。

5．锅内加入蒸鱼的原汤、精盐、味精，勾芡，淋在菜肴上即可。

成品特点：质地鲜嫩，味感醇正。

制作关键：

1．刀工处理要一致。

2．掌握好蒸制时间。

营养价值：白鱼含蛋白质、脂肪、灰分、钙、磷、铁、维生素B_2、烟酸等多种营养成分。

保健功能：白鱼甘、平、无毒。除味道鲜美外，还有较高的药用价值，具有补肾益脑、开窍利尿等作用。

鱼蓉酿丝瓜

烹调方法：蒸　菜系：湖州菜　编号：08

原料

主料：丝瓜200克、鱼蓉200克。

辅料：娃娃菜150克、紫菜5克。

调料：精盐3克、味精3克、鸡蛋150克。

制作过程：

1. 将娃娃菜改刀，切成细丝；紫菜卷成细卷，剪成1厘米长的段；丝瓜去皮，改刀成2厘米的圆段，备用。

2. 将改刀后的丝瓜用U形戳刀去籽，将调味后的鱼蓉装入裱花袋，在丝瓜孔中酿入鱼蓉，紫菜插入鱼蓉中，备用。

3. 将锅洗净，置火上，倒入鸡汤、放入娃娃菜丝、精盐、味精煮2分钟后，装入盘中，垫底。

4. 将丝瓜生坯入笼蒸约4分钟后，取出装入盘中，淋上鸡汤即可。

成品特点：味感鲜美，口感软嫩，色泽悦目，造型美观。

制作关键：

1. 娃娃菜要用鸡汤煨制2小时。

2. 掌握好蒸制时间。

营养价值：鱼肉营养丰富，含有丰富的蛋白质、镁，富含维生素A、铁、钙、磷等。丝瓜，含有皂苷，还含有一定的蛋白质和脂肪，这是蔬菜里面比较少有的，其中维生素C和B族的维生素含量十分丰富，含人体内所需的多种氨基酸、核黄素、粗纤维、钙、磷、铁等。

保健功能：现代医学认为，丝瓜含有抗病毒、抗过敏的活性成分。瓜络可治气血阻滞的胸肋疼痛、乳房肿痛，而瓜子清热、润燥、解毒。瓜子仁可驱蛔虫。瓜根消毒防腐，可治痔疮、大便出血。

炸细沙羊尾

烹调方法：炸　菜系：湖州菜　编号：09

原料

主料：豆沙250克、猪网油50克。

辅料：鸡蛋8只、生粉50克、糯米粉100克。

调料：糖粉20克、食用油750克（约耗80克）。

制作过程：

1. 先将猪网油改成小的方形；将豆沙搓成每个约15克重的丸子，再把刚才切好的猪网油包裹上豆沙，备用。

2. 取鸡蛋清，用打蛋器顺一个方向用力搅打，打成蛋泡糊状，加入糯米粉、生粉搅拌均匀，备用。

3. 锅烧热加入油，待油温升至五成热时，逐一将豆沙裹上蛋泡糊放入油锅炸制，用马勺把油淋在蛋泡糊上，并轻轻推动，待表皮炸至金黄色时出锅装盘，最后撒上糖粉即可。

成品特点：色泽金黄，口感糯甜。

制作关键：

1. 鸡蛋要新鲜，打蛋清要一气呵成。

2. 掌握好糯米粉与生粉的比例。

3. 掌握好炸制的油温。

营养价值：豆沙含有蛋白质、脂肪、碳水化合物、B族维生素、维生素E、钙、磷、钾、锌等营养元素。糯米含有维生素B_1、维生素B_2、蛋白质、脂肪、糖类、钙等。鸡蛋清富含蛋白质和人体必需的8种氨基酸和少量醋酸。

保健功能：豆沙有健脾利水、清热功能。鸡蛋清可以增强皮肤的润滑作用，保护皮肤的微酸性。

【典故】“细沙羊尾”是一道湖州风味的甜菜。湖州是全国有名的湖羊特产地，而用豆沙、猪网油、鸡蛋清、糯米粉等制成的此菜，因外形酷似湖羊尾巴，故名“细沙羊尾”。湖州民间、菜馆置办筵席，少不了要备这一佳肴，尤以春、秋、冬三季食用为多，“羊尾”用“细沙”作馅，经炸制而成。

竹燕酿鱼圆

烹调方法：汆　菜系：湖州菜　编号：10

原料

主料：鲢鱼蓉500克。

辅料：竹燕50克。

调料：精盐8克、味精3克、姜汁水5克。

制作过程：

1．将鲢鱼蓉放大碗中，加姜汁水、精盐、清水，打上劲，备用。

2．将锅加水，把竹燕酿入鱼蓉中，挤成鱼圆，放入冷水中加热，煮至成熟，装入盘中，备用。

3．将原汤加精盐、味精，烧开后，浇在鱼圆上，即可。

成品特点：汤清味醇，洁白滑嫩。

制作关键：鱼蓉要打上劲。

营养价值：同本书第67页（清汤鱼圆）。

保健功能：同本书第67页。

育人元素：劳模精神

以责任心处世，用感恩心做人

李林生

我是李林生，现任浙江德清莫干山大酒店董事长、浙江省餐饮行业协会执行会长、中国饭店协会常务理事、中国名厨委常务副主席、浙江省餐饮发展专业委员会主任、浙江商业职业技术学院和浙江旅游职业学院等院校客座教授、浙江省劳动模范、浙江工匠、全国饭店业优秀企业家、全国转型升级先进领军人物、全国餐饮业改革开放40周年突出贡献奖获得者。

执着于烹饪事业，弘扬职业道德。我从事餐饮业50年来，执着于烹饪事业和饭店管理，谦虚谨慎并不断学习和自我修炼，潜心刻苦钻研专业技能和管理理念的创新，经营理念的战略定位："创一流品质、做百年饭店"，使个人的成长和企业的发展与社会的繁荣融为一体，在整个行业中具有较高的声誉，为行业的和谐发展树立良好的榜样。莫干山大酒店被全省同行称赞为"金牌专业户"，是湖州饭店行业的黄埔军校。

培养专业人才，促进行业发展。作为省级技能大师工作室领衔人，我为行业培养了数百名优秀人才，为当地饭店业输送了大批人才，极大地促进了行业的健康快速发展。在专业上我不断地追求技术革新、创新管理理念，多项研究成果被行业推广应用。为徒弟传承"以责任心处世，用感恩心做人；学厨先立德、做菜先做人；热爱祖国，孝敬父母"的厨德理念，也是厨艺人生的坚定信念。

为浙菜的标准化建设和全省餐饮行业培育更多的优秀人才，我愿意把自己有限的生命投入到无限的烹饪事业中去，为振兴浙菜，加快我省餐饮业的高质量发展作出自己应有的贡献。

2022年11月16日

思考与讨论

1. "以责任心处世，用感恩心做人"，你将如何去努力实现？
2. 如何理解"把有限的生命投入到无限的烹饪事业中去"？
3. 简述丁莲芳千张包的典故与制作关键。
4. 简述传统名菜金牌酱羊肉的制作工艺流程、营养价值与保健功能。
5. 制作1个自己设计的创新菜肴，写出制作过程、创新点并附图片。

嘉兴菜

嘉兴菜概述

据马家浜遗址的考古发掘证明，早在6000年前，嘉兴这块土地上已有我们的先民在生产生活，稻作文明已发展到了一个相当的水平。

嘉兴最早的地名始于2500年前的春秋中晚期，因城南四乡与桐乡屠田一带盛产槜李（一种果形扁圆，皮色殷红，上缀金黄细点，果肉鲜润多汁色琥珀，成熟时酒香扑鼻，将皮咬破一点，就可以一口将里面的果汁肉等一吮而尽，如饮琼浆玉液，别有一番风味）而得名，这块地方俗称为“槜李”，到了春秋末期楚国吞并江南，嘉兴这块地方归楚国管辖，亦为吴地。因一条河流叫“长水塘”，所以当时的地名改为了“长水”。

秦统一中国后，“长水”的地名一直沿用，直到秦始皇三十七年(公元前210年)，设江南会稽郡，改“长水 ”为“由拳”置县。

两汉三国时，仍沿用“由拳”县治地名直至孙权黄龙三年(公元231年)，“由拳野稻自生”，孙权以为祥瑞，改年号为“嘉禾”，并将“由拳”改名为“禾兴”。到了赤乌五年(公元242年)，因太子战死，立新太子孙和，为了避讳，将“禾兴”改成了“嘉兴”。自此，嘉兴的地名一直沿用至今，因此嘉兴当之无愧称得上江南的历史名城。

每个地方菜肴的特色形成，离不开当地的地理位置、自然气候、物产资源、饮食习俗、文化、经济等具体的条件。嘉兴地处吴越的交会处，饮食文化的历史积累厚重。嘉兴紧邻苏、杭，生活在天堂里，境内河道纵横、水系发达、湖荡遍布，素有“鱼米之乡、丝绸之府”之称，历来被称为“天下粮仓”，加之四季分明，雨量充沛，四时八节菜肴原料充足，因时而异，加之种植业、养殖业发达，人们的饮食习俗喜好清鲜脆嫩，咸甜适度。历来嘉兴又是一块经济繁荣、文化昌明、人民富足之地，得天独厚的诸多条件，加上长期以来吸收了苏杭、淮扬、皖南等地方菜肴的技艺，嘉兴的历代厨师们通过兼容并蓄、博采众长逐渐形成了更为平和朴实的嘉兴味道。

说到对嘉兴菜作出重要历史贡献的，我们有必要提及烹饪古籍。

《养小录》的作者，清康熙二十二年进士（1683年）嘉兴人顾仲，他大胆提倡“饮食之道，关乎性命”，只要不贪食、不追珍而奇、不浪费，务熟食、务调和、务清洁，有什么不可能的，强调清洁、卫生为体，甚至提出洁是饮食的大纲，菜以卫生为体，这一理念具有现实的指导意义。孟子曰：饮食之人，则人贱之矣，为其养小以失大也……

书中收录了200多款菜肴，大部分以当地菜为主，易懂好学、操作简便。

经过历代嘉兴名厨的打磨，嘉兴菜形成了如下特点：

1. 选料讲究鲜、活、本、真，注重原料本身固有的鲜味、原味，并根据时令差异选择食材，提倡食在当下。

2. 嘉兴菜肴的制作刀工精良，讲究形色，菜品朴实，花式众多，注重火候，讲究原汁原味，尤以烹制河鲜菜肴为擅长，菜品多达数百种。

3. 烹调擅长炸、熘、炒、烧、焖、炖、蒸、煮，尤以烧、炒、炖、煮见长。

4. 菜肴口味鲜嫩清爽而不寡、咸甜适度而不腻、五味调和而不烈、香浓酥醇而不烂，体现了江南水乡的饮食风貌。

八宝全鸭

烹调方法：煮　菜系：嘉兴菜　编号：01

原料

主料：麻鸭1只约1000克。

辅料：火腿25克、鸭胗25克、五花肉25克、板栗25克、香菇25克、葱白25克、冬笋25克、干贝25克、小菜心30克、笋干70克。

调料：精盐3克、味精2克、料酒3克、生姜5克、小葱5克。

制作过程：

1. 将麻鸭宰杀，洗净，糯米洗干净。
2. 将火腿、鸭胗、五花肉、板栗、香菇、葱白、冬笋切成丁，水发干贝撕开。
3. 将上述8种原料放入碗中，加精盐、味精、料酒搅拌均匀，塞入麻鸭肚中，用竹扦封口。
4. 锅加清水，待水沸时，放入鸭子焯水备用。
5. 取砂锅一只，放入生姜、葱结、清水、笋干、老鸭、料酒，加盖煮2.5小时。
6. 将小菜心焯水后放入砂锅内即可。

成品特点：口味鲜醇，汤汁浓厚。

制作关键：

1. 鸭开膛处要用竹扦封口。
2. 掌握好煮制的时间。

营养价值：麻鸭肉中的脂肪酸溶点低，易于消化。所含B族维生素和维生素E较其他肉类多，能有效抵抗脚气病、神经炎和多种炎症，还能抗衰老。鸭肉中含有较为丰富的烟酸，它是构成人体内两种重要辅酶的成分之一，对心肌梗死等心脏疾病患者有保护作用。

保健功能：

1. 益气补虚：其肉性味甘、寒，入肺胃肾经，有大补虚劳、滋五脏之阴、清虚劳之热、补血行水、养胃生津、止咳自惊、消螺蛳积、清热健脾等功效；治身体虚弱、病后体虚、营养不良性水肿。

2. 滋阴：入药以老而白、白而骨乌者为佳。用老而肥大之鸭同海参炖食，具有很大的滋补功效，炖出的鸭汁善补五脏之阴和虚痨之热。

冰糖河鳗

烹调方法：烧　菜系：嘉兴菜　编号：02

原料

主料：河鳗1条（约750克）。

调料：冰糖50克、精盐3克、味精2克、老抽15克、生抽25克、料酒100克、生姜50克、小葱50克。

制作过程：

1. 将洗净的河鳗切成5.5厘米的段。

2. 锅烧热，滑锅，加底油，放入葱结、姜片炒香，加入河鳗、料酒、精盐、味精、冰糖、生抽、老抽炒匀，加入清水，大火烧开，小火焖15分钟，大火收汁，装盘，放上姜丝、红椒丝点缀即可。

成品特点：色泽红润，口味微甜，肉质软糯。

制作关键：掌握好冰糖、生抽与老抽的量。

营养价值：

1. 河鳗富含维生素A和维生素E，其他维生素如维生素B_1、维生素B_2含量同样很丰富。

2. 河鳗肉含有丰富的优质蛋白和人体内必需的各种氨基酸。其中所含的磷脂，为脑细胞不可缺少的营养素。另外，鳗鱼还含有被俗称为“脑黄金”的DHA及EPA，含量比其他海鲜、肉类均高。

3. 河鳗还含有大量的钙质，它的皮、肉都含有丰富的胶原蛋白。

保健功能：补虚养血、强精壮肾，是预防骨质疏松、夜盲症的佳品，还可美容、延缓衰老。

红烧老鹅

烹调方法：烧　菜系：嘉兴菜　编号：03

原料

主料：净老鹅1只约3500克。

调料：生抽5克、老抽3克、味精2克、白糖30克、南瓜籽油6克、生姜5克、葱结5克、啤酒500克、干红辣椒3克、高汤750克、色拉油600克（实耗150克）。

制作过程：

1. 将鹅切成4厘米长、2.5厘米宽的长方块待用。

2. 锅内加油，待油温升至六成热时，放入鹅块，炸至金黄色捞出沥油。锅留底油，加入生姜、葱结、干红辣椒略煸，加入鹅块、啤酒、高汤、生抽、老抽、白糖、味精，小火烧2个小时后大火收汁。加入南瓜籽油出锅装盘，撒上芝麻，点缀上葱丝即可。

成品特点：色泽红亮，口味醇厚，咸甜适中，肉质鲜美。

制作关键：

1. 鹅需炸至金黄色。

2. 掌握好烧制时间。

营养价值：鹅肉是理想的高蛋白、低脂肪、低胆固醇的营养健康食品。鹅肉含蛋白质、钙、磷，还含有钾、钠等十多种微量元素。

保健功能：

1. 鹅肉性平、味甘；归脾、肺经。具有益气补虚、和胃止渴、止咳化痰、解铅毒等作用。适宜身体虚弱、气血不足、营养不良之人食用。

2. 补虚益气，暖胃生津。凡经常口渴、乏力、气短、食欲不振者，可常喝鹅汤、吃鹅肉，这样既可补充老年糖尿病患者营养，又可控制病情发展。

3. 还可治疗和预防咳嗽病症，尤其对治疗感冒和急慢性气管炎、慢性肾炎、老年浮肿、肺气肿、哮喘痰壅有良效。特别适合在冬季进补。

嘉兴酱鸭

烹调方法：卤　菜系：嘉兴菜　编号：04

原料

主料：麻鸭1只约1500克。

调料：生抽180克、老抽15克、老卤150克、料酒20克、桂皮2克、干辣椒5克、八角2克、香叶2克、白芷1克、生姜20克、冰糖100克、小葱20克、京葱25克。

制作过程：

1．锅加清水，放入麻鸭、姜片、料酒焯水后捞出洗净。

2．锅内加底油，加入生姜片、葱结、京葱、香料炒香，放入鸭子，加入老卤、料酒、生抽、老抽、冰糖、清水，旺火烧开，小火烧1.5个小时，中火收汁。

3．改刀成形装盘即可。

成品特点：色泽红亮，咸甜适中，鸭肉鲜嫩。

制作关键：掌握好麻鸭的焖制时间。

营养价值：同本书第108页（八宝全鸭）。

保健功能：同本书第108页。

南湖三宝

烹调方法：炒 菜系：嘉兴菜 编号：05

原料

主料：河虾150克、莲子150克、藕节150克。

辅料：青甜豆50克、鸡蛋清1个。

调料：精盐3克、味精2克、淀粉5克、葱姜水3克。

制作过程：

1．河虾去头去壳留尾，清洗干净后，用干毛巾吸干水分，放入盘中，加入精盐、味精，顺一个方向搅拌，加入蛋清、干淀粉搅拌均匀待用。

2．锅加水，待水沸后放入青豆，焯水后捞出，再放入莲子与藕节，焯水后捞出。

3．锅烧热，滑锅，加入油，待油温升至四成热时，放入河虾滑油，随即放入焯水后的莲子与藕节，过油后捞出沥油。锅内加入葱姜水、精盐、味精，用湿淀粉勾芡后倒入河虾、莲子、藕节，与青甜豆翻炒均匀，出锅装盘即可。

成品特点：鲜嫩爽脆，色泽鲜艳，清鲜滑嫩。

制作关键：

1．河虾留尾，要上劲。

2．掌握好滑虾仁的油温。

营养价值：虾仁富含蛋白质、氨基酸和钙、磷、铁等矿物质。虾类含有甘氨酸，这种氨基酸的含量越高，虾的甜味就越高。藕营养丰富，含有蛋白质、脂肪、碳水化合物、多种维生素、微量元素及矿物质。莲子中含有丰富的钙、磷、钾，还含有其他多种维生素、微量元素、生物碱等。

保健功能：

1．虾肉同本书第12页（龙井虾仁）。

2．莲子有防癌、抗癌、降血压作用，有强心安神、滋养补虚、止遗涩精的功效。

3．藕能促进胃肠蠕动、润肠通便，改善血液循环，预防动脉硬化，益于身体健康。

青鱼干焖肉

烹调方法：焖　菜系：嘉兴菜　编号：06

原料

主料：猪五花肉500克、青鱼干400克。

调料：冰糖75克、味精3克、料酒10克、老抽5克、干红辣椒3克、八角2克、生姜5克、小葱5克。

制作过程：

1．将猪五花肉切成3.5厘米见方的块。青鱼去鳞，切成2厘米见方的块。

2．锅内加入冷水，放入五花肉，加入料酒后焯水捞出。

3．锅内加油，待油温升至六成热时，放入青鱼干炸至色泽金黄捞出。

4．锅加底油，放入姜片、葱结、八角、干红辣椒炒出香味，放入五花肉炒香，加料酒、生抽、老抽、冰糖、味精、清水，大火烧开（定口味、定色泽、定汤水），小火焖1小时，加入青鱼干，大火收汁，出锅装盘即可。

成品特点：色泽红亮，咸甜适中，口味浓郁。

制作关键：

1．青鱼干炸至金黄色。

2．掌握好五花肉的焖制时间。

营养价值：青鱼是一种高蛋白、低脂肪的食物，含有蛋白质、脂肪。在氨基酸组成中，富含谷氨酸、天冬氨酸等呈鲜味成分，含有糖类、多种维生素及锌、钙、磷、铁、镁等矿物质。猪肉同本书第6页（东坡肉）。

保健功能：青鱼中除含有丰富蛋白质、脂肪外，还含丰富的硒、碘等微量元素，有抗衰老、抗癌作用。猪肉同本书第6页。

船家鳜鱼

烹调方法：烧　菜系：嘉兴菜　编号：07

原料

主料：鳜鱼1条约2000克。

调料：精盐5克、白糖3克、生姜3克、小葱3克、湿淀粉5克、味精2克、老抽3克、生抽2克、自制鱼汤200克、黄酒3克。

制作过程：

1. 鳜鱼洗净，鱼身两面每隔3～4厘米剞牡丹花刀。

2. 锅内放入竹篾，加入自制鱼汤，煮沸后加入姜片、葱段、鳜鱼、老抽、料酒，烧熟后捞出装盘。原汤加生抽、白糖、味精勾芡。

3. 把芡汁均匀浇在鱼上，放上葱姜丝点缀即可。

成品特点：酱香浓郁，肉质鲜嫩。

制作关键：

1. 根据鱼的大小，每隔3～4厘米剞一刀。

2. 掌握好烧鱼的时间。

营养价值：同本书第16页（宋嫂鱼羹）。

保健功能：同本书第16页。

蟹粉南湖菱

烹调方法：炒　菜系：嘉兴菜　编号：08

原料

主料： 菱角250克、蟹粉200克。

调料： 姜末25克、精盐3克、味精2克、料酒3克、米醋10克、湿淀粉5克。

制作过程：

1．锅加清水，放入菱角焯水。

2．锅中加油，放入菱角过油后炒制，加入料酒，勾芡，装盘待用。

3．锅中加底油，加入姜末，蟹粉炒香，加入料酒、精盐、味精、清水后勾芡，加醋，出锅盛在菱角上，点缀上葱丝即可。

成品特点： 鲜香软糯。

制作关键： 蟹粉需炒香，掌握好勾芡。

营养价值： 菱角低脂肪并富含淀粉、蛋白质及多种维生素、矿物质，营养价值可与坚果媲美。

保健功能：

1．补脾益气：菱角生食有清暑解热作用，熟食则有益气健脾功效。

2．抗癌：菱角含有抗癌物质。

3．减肥：菱角利尿、通乳、止消渴、解酒毒，主治疮毒、赘疣，且可健体，是减肥的辅助食品。

4．缓解皮肤病：菱角食用、外用均可，以辅助治疗小儿头疮、头面黄水疮、皮肤赘疣等多种皮肤病。

新二锦馅

烹调方法：煎、煮　菜系：嘉兴菜　编号：09

原料

主料：大闸蟹250克、清水虾仁150克、花鲢鱼肉100克、猪里脊肉50克、平湖饭皮250克。

辅料：马蹄75克、绿菜心50克、丁香萝卜75克、火腿片50克、田园荠菜75克。

调料：小葱10克、生姜5克、精盐7克、鸡精5克、白糖5克、新丰嫩姜10克、生粉10克、清汤1000克、鸡油5克、黄酒5克。

制作过程：

1. 将虾蓉、马蹄末、肉末、荠菜末放在一起，加入精盐、黄酒、味精，搅拌均匀。

2. 将饭皮切成15厘米见方的正方形，将拌好的馅料放入饭皮，包成长方形。

3. 将刮好的鱼蓉放入大碗中，加精盐、姜汁、清水，搅拌均匀打上劲。

4. 锅烧热，滑油，加底油，逐个放入包好的饭皮，煎至两面金黄。

5. 锅洗净，加入清油，在鱼蓉中加入蟹粉，逐个挤成直径4厘米的鱼圆，放入冷油中加热，轻微晃动炒锅，待鱼圆受热上浮成熟，捞出沥油。

6. 锅洗净，加入高汤、饭皮包、鱼圆，用小火微煮，加精盐、味精、鸡精后装盘，原汤加入火腿、菜心微煮，捞出放入盘中，再将原汤装入盘中即可。

成品特点：鲜嫩滑润，汤清味醇。

制作关键：

1. 鱼蓉要上劲，蟹粉要嵌入鱼圆中心，冷油下锅。

2. 饭皮包需煎至两面金黄。

营养价值：蟹含蛋白质高，含胆固醇高。虾仁的营养价值与本书第71页（绍虾球）相同。

保健功能：

1. 蟹具有清热解毒、养筋活血、增强体质等功效。

2. 虾仁的保健功能同本书第71页。

船家喜蛋

烹调方法：煎、烧　菜系：嘉兴菜　编号：10

原料

主料：五花肉末500克、熟鸡蛋6个约400克。

辅料：马蹄碎25克。

调料：精盐5克、味精3克、黄酒3克、白糖2克、生抽2克、老抽2克、湿淀粉3克、姜末3克、葱末3克。

制作过程：

1. 把肉末、马蹄碎、姜末、葱末放入碗中，加入精盐、味精、黄酒、生抽后充分搅拌，摔打上劲。

2. 将熟鸡蛋去壳，用麻线将鸡蛋一割为二（用麻线割，鸡蛋剖面比较粗糙，肉末不易掉落）。

3. 在鸡蛋剖面撒上生粉，酿上肉末，做成一个完整的鸡蛋形状，用勺子蘸上黄酒，将酿在鸡蛋上的肉末抹平整。

4. 将锅烧热，滑油，加底油，将酿上肉末的鸡蛋，肉末朝下放入油锅中煎至微黄，沥去油，加入黄酒、生抽、老抽、白糖、味精、清水，大火烧开，文火煮5分钟后勾芡装盘。

成品特点：色泽红亮，口味咸甜适中。

制作关键：

1. 熟鸡蛋需用麻绳一割为二，剖面撒上生粉。

2. 需肉末朝下入油锅煎至微黄。

营养价值：同本书第6页（东坡肉）。

保健功能：同本书第6页。

育人元素：传道授业

爱岗敬业，教书育人

俞炳荣

我是俞炳荣，国家级首批中国烹饪大师，曾获浙江省餐饮业终身成就奖、中华金厨奖，曾任嘉兴技师学院餐饮专委会主任，高级技师，从事烹饪工作55年。自1983年至今，始终坚持不懈地兼职在为机关、工矿、部队及各企事业单位酒家、饭店、食品加工企业等举办了数百次的专职、业余、短训、定向、高烹、技师等烹饪培训班，为当地及省内外培养了数千名烹饪专业人才，为推动本地区及省内外餐饮事业的发展作出了毕生的努力与贡献。特别是自2008年至今的10多年，我为国家培养了数百名高级技师及技师，为浙江省内外输送了众多高技能专业人才。

食品行业是良心行业，厨者、艺者、用心坚持、用工匠的心态对待食品、生产、加工。工匠则表现为一心一技的敬业情怀、一丝不苟的行事风格、一以贯之的技能态度、惟一惟精的极致追求和独当一面的职业态度，在平凡的岗位上也能干出不平凡的业绩。劳动没有高低贵贱之分，任何一份职业都很光荣。广大厨友们无论从事什么劳动，都要干一行、爱一行、钻一行。

人们从吃饱、吃好到吃出营养，食品制作始终是我们从厨人员的底线，因为经厨师烹制的菜肴是直接入口供大众食用的，这与人的生命健康息息相关，希望广大烹饪专业学生及从厨者通过工作的历练都能成为新时代人民的健康守卫者。

2022年11月16日

育人元素：传承创新

以精品美食传承禾菜

范永伟

我目前担任嘉兴市江南印象餐饮有限公司执行董事，高级技师，从事餐饮工作32年，始终踏实做人、用心做菜，努力为传承、创新贡献力量。

随着社会不断进步，人们对美食的追求不再停留在果腹，而是已经将饮食回归自然，推崇原汁原味，追求美食多元化，如今的餐饮美食融入到“互联网+”，市场在细分，特色多样化，味道丰富多彩。我有责任有信心带领员工，把荣誉当鞭策，融入大众，将自然、健康的精品美食，以最好的姿态呈现给大众。激发出厨师的潜能，才能找到食材的原味、美感和香味，创造出独具品质的菜肴。我经常与几位大厨一起探讨、沟通，参与到每个菜品的构思、定型过程。不断创新、不断进步。厨艺的提高需要日积月累，以独特的江南餐饮文化面目示人，以“顾客第一、养生美食”经营理念存世，并以最优秀的精品美食，回报万千嘉兴食客。

禾菜选料讲究鲜、活、本、真，注重原料本身固有的鲜味、原味，并根据时令差异选择食材，提倡食在当下。制作刀工精良、讲究形色、菜品朴实、花式众多、注重火候、讲究原汁原味、尤以烹饪河鲜菜肴为擅长，菜肴口味鲜嫩清爽而不寡、咸甜适度而不腻、五味调和而不烈、香浓酥醇而不烂，体现了浓厚的江南水乡的饮食风貌。

经厨师烹饪的菜肴是直接入口供大众食用的，这与人的生命健康息息相关，做菜先做人，希望广大厨师们都能坚持以食材的原味、美感和香味，创造具有品质的健康养生美食。

2022年11月16日

思考与讨论

1. 作为未来的大厨，你将如何带好自己的合作团队？
2. 简述嘉兴菜的特点。
3. 简述新二锦馅的三大创新之处。
4. 简述蟹粉南湖菱的制作工艺流程、营养价值与保健功能。
5. 制作1个自己设计的创新菜肴，写出制作过程、创新点并附图片。

金华菜

金华菜概述

金华地处金衢盆地西缘，境内冲积盆地肥沃，丘陵岗地绵延， 雨量充沛，四季分明，自然条件得天独厚，物产富饶，人丁兴旺，素有“浙江第二粮仓”和“中国金华火腿之乡”的美誉。

金华菜的形成和发展，具有深厚的物质基础和社会文化条件，也与地方民风民俗密切相关。如金华自古产酒，酒风盛行，以酒烧焖的民间菜就多于他地；金华盛产优质猪肉，猪肉类和它的加工产品火腿、南肉菜肴，更是自古名扬天下。其他物产如金华豆豉、藕粉，义乌南枣，武义宣莲、米仁，永康生姜，浦江腐皮，兰溪白鱼，磐安香菇，东阳豆腐，以及土特名产竹笋、柑橘、木耳、佛手、茶叶、红糖、金丝蜜枣、永康灰鹅、浦江葡萄、兰溪板栗、茉莉花等等，令人陶醉。天赐神品良物，成为金华菜用之不竭的烹调资源，为推动金华菜的快速发展奠定了基础。

金华菜讲究原汁原味、香浓醇厚，以金华火腿彰显特色，它历史久远，具有丰富的文化内涵。金华菜是在古婺州稻作农业发达、窑业兴盛、陶器和瓷器等饮食器具广泛使用的基础上形成的，并在孔府菜的影响下发展壮大。

金华菜，因婺州而得名。唐朝时现今的金华、兰溪、义乌、东阳、永康、武义、衢州、江山等地域均属婺州府管辖，自然这些地域的风味菜肴成为金华菜不可缺少的部分。金华菜特色鲜明，原料品质优良，烹调方法以烧、蒸、炖、煨、炸为主，饮食追求滋补，口味变化相对较少，咸鲜、香鲜、咸甜、轻酸少甜、微辣是金华菜的主要味型。金华菜既有古朴风格，又具时尚口感，适应性广，具有浓郁的地方风味，备受世人称道。金华菜主要特点如下：一是浓郁，口味浓郁，咸鲜微辣，香气诱人。二是传统，八婺不少地方酿制包括酒糟、调味品在内的食材时，用的都是传统的土办法，不仅味道醇厚，而且还渗透着当地的民风民俗。三是“养”，在八婺大地上，食物原材料都注重原汁原味，讲究绿色生态，即便是寻常人家，对于各种养生食材的烹饪料理也颇为在行。

葱花肉

烹调方法：炸　菜系：金华菜　编号：01

原料

主料： 猪夹心肉末250克、猪网油300克、浦江豆腐皮200克。

辅料： 小葱50克、生粉50克、面粉100克。

调料： 精盐3克、黄酒3克、味精2克、色拉油1000克（约耗80克）。

制作过程：

1. 将猪肉加精盐、黄酒、鸡精、清水（猪肉的1/4）、葱花，入碗顺时针搅拌入味。

2. 取一张豆腐皮摊开，在上面覆上猪网油，修整一下，将馅料均匀抹在网油上，包制成形并改刀。

3. 碗内加面粉、淀粉、精盐和清水制成糊。

4. 锅烧热倒入色拉油，烧至五成热，将包好的生品挂糊，放入油中炸，炸至金黄色捞出，尽量把油沥净后，将炸好的葱花肉进行改刀，切成2厘米宽的条状，可配番茄酱或椒盐一起食用。

成品特点： 色泽金黄，香酥可口。

制作关键：

1. 猪肉选用夹心肉，肥瘦相间，口感最佳。

2. 调糊时注意控制面粉和生粉的比例，使表壳酥脆。

3. 加入猪肉1/4的清水，使肉馅鲜美不干硬。

营养价值： 同本书第32页（干炸响铃）。

保健功能： 同本书第32页。

【典故】 葱花肉的制作来历，有着一段曲折传奇。相传古时的汤溪一带官府腐败，盗匪猖獗，民不聊生。偏偏官府不准民间百姓食肉，所有的猪牛羊鸡家畜，宰杀后都要进贡官府享用，否则就是违法。当时有个姓李的屠夫，天天杀猪，但家人却不能吃上一次猪肉。屠夫是个孝子，自己不吃无所谓，但他的母亲吃不到猪肉，他心里十分焦急。总得想个办法，让母亲吃上一口可口的猪肉，以表孝心。于是，他在杀猪的时候，将猪内脏中肠与肠之间的粘连物，俗称网油、蜘蛛网油、花油等取出，这些原本是官家不要的废弃之物，取出来后屠夫把它保存起来带回家，加上葱、面粉，裹进一些割猪肉时掉下的肉末，包成一块块葱油饼，入锅炸熟，送给母亲食用。母亲吃了葱油饼后，十分开心。因为顾忌官府的禁令，不能有肉字，就叫这道食品为葱油饼。后来，制作葱油饼的人越来越多，工艺也越来越精湛，名称也恢复了原来的品味：葱花肉。

火腿扣白玉

烹调方法：蒸　菜系：金华菜　编号：02

原料

主料：冬瓜1000克。

辅料：金华火腿皮200克、瑶柱8克。

调料：味精2克。

制作过程：

1. 将冬瓜去皮、去籽，修整成长6.5厘米、宽5厘米的长方块，并在表面剞上十字花刀，花刀的深度为四分之三。

2. 将已蒸制的火腿皮盖于冬瓜表面，放上瑶柱，上锅入笼蒸60分钟，至冬瓜软烂。

3. 取出汤汁加少许味精调味即可。

成品特点：形如白玉，晶莹剔透，食材巧妙搭配，营养丰富。

制作关键：

1. 注意刀工处理，使菜肴形状美观。

2. 掌握火候，控制蒸制时间。

营养价值：该菜肴中含有多种维生素和人体必需的微量元素，可调节人体的代谢平衡。冬瓜性寒，能养胃生津，清降胃火，使人食量减少，促使体内淀粉、糖转化为热量，而不变成脂肪。

保健功能：清热解暑，护肾利尿，降脂减肥。预防高血脂、高血压，防癌抗癌。

【典故】早年间金华火腿食用十分广泛，当地厨师对火腿的各部位进行了各种方式的研究，民间多以炖汤为主，在地方官府菜肴中对火腿炖冬瓜这道菜肴进行了改良，使其充分体现了厨师的技艺，根据火腿不同部位的色泽差异，选用了色泽最红的火腿皮作为食材辅料，将菜肴的口味、造型和色彩搭配提升到了一个新的高度，也充分体现了金华从厨者的精湛技艺。

金华胴骨煲

烹调方法：炖 菜系：金华菜 编号：03

原料

主料：金华两头乌猪胴骨2500克。

辅料：金华游埠千张250克、北山笋干200克、油泡150克。

调料：精盐25克、味精10克、生姜50克、小葱25克、金华寿生酒20克、香叶5克、干辣椒5克、桂皮5克、八角5克、枸杞2克、高汤1000克。

制作过程：

1. 猪胴骨焯水后斩断，千张切成1厘米宽的长条，北山笋涨发切薄片，备用。

2. 胴骨整齐地码入砂锅，加入生姜片、金华寿生酒、桂皮、干辣椒、香叶、八角，加满高汤，旺火烧开后，转文火慢炖1小时。

3. 加入千张、油泡并加食盐、味精调味，烧10分钟至软烂，撒上香葱、枸杞即可。

成品特点：汤汁乳白，胴骨醇香，配料爽口。

制作关键：

1. 胴骨要选用金华两头乌猪后腿大骨。

2. 胴骨汤中加入中草药及香料，使汤色醇美、口感咸鲜。

3. 小火慢炖，使各种原料融为一体。

营养价值：骨汤中含有的胶原蛋白能增强人体制造血细胞的能力。

保健功能：胴骨可以美容，还可以促进伤口愈合，增强体质。

【说明】金华夜市有个主角——“金华煲”，金华煲里名气最大的是胴骨煲。胴骨自然得用金华特产“两头乌”，香味浓郁，而久负盛名的豆制品同样必不能少：千张香滑有劲，油泡香酥饱满。金华煲名声在外，改革开放之初，夜晚路边摊纷纷兴起炖煲。胴骨肉少没嚼头，厨师就把它放进煲里当底料调味，这一放让胴骨的优势发挥到了极致，汤汁因此而鲜香，后味无穷，胴骨煲一跃而成金华煲的主角。

金银炖双蹄

烹调方法：炖　菜系：金华菜　编号：04

原料

主料：金华火腿蹄子250克、鲜猪蹄750克。

调料：小葱15克、金华寿生酒100克、精盐3克、白糖5克、姜片10克、味精2克。

制作过程：

1. 金华火腿蹄子一只（俗称金蹄），鲜猪蹄一只（俗称银蹄），分别洗净去毛，斩成2厘米厚块，分别焯水，水沸变色即可捞出，备用。

2. 砂锅内加入八分水，适量姜片、葱结，先将火腿蹄子用文火炖1小时左右，再将鲜猪蹄放入，加入金华酒，少量精盐、白糖，文火续炖2小时即可。

成品特点：香气馥郁，肉质酥糯，不油不腻，别具风味，是冬令菜肴佳品。

制作关键：

1. 猪蹄最好选用新鲜薄皮嫩肉的金华“两头乌”后蹄髈。炖制前，双蹄均应先用沸水氽煮处理，去除异味。

2. 汤水要一次放足，加盖旺火煮沸，再移至小火上炖至酥熟，中途不宜加水，以保持原汁原味。

3. 盐不能放得太早。

营养价值：火腿和鲜猪蹄内含丰富的蛋白质和脂肪、多种维生素和矿物质。

保健功能：适宜气血不足者，脾虚久泻、胃口不开者，体质虚弱、虚劳怔忡、腰脚无力者食用。

【典故】金银蹄是一道浙江省的传统名菜，属于浙菜系。据清代饮食《调鼎集》记载：“金银蹄：醉蹄尖配火腿蹄煨”，这金蹄指的是火腿蹄子，银蹄则是用酒醉后的鲜猪爪。该集还记述了这道菜的制作方法：“鲜猪爪尖、火腿爪尖同煨极烂，取出去骨，仍入原汤再煨，或加大虾米、青菜头、车螯。”中国宴席的经典之作——满汉全席便有“金银蹄”，可见此菜的历史地位和影响。

兰溪大仙菜

烹调方法：烧　菜系：金华菜　编号：05

原料

主料：兰溪大仙菜400克。

辅料：金华游埠千张100克。

调料：精盐35克、南山安地山泉水300克、味精2克。

制作过程：

1．取兰溪大仙菜洗净切成0.5厘米的段。

2．将游埠千张切成约0.8厘米宽、8厘米长的条。

3．锅加水置火上，烧沸后加入精盐、味精，将兰溪大仙菜快速焯水，倒入盘中，千张同样焯水放于兰溪大仙菜中间。

4．取安地山泉水入锅，烧开调味浇于兰溪大仙菜中即可。

成品特点：菜色碧绿，汤清味美，清淡爽口，养生怡人。

制作关键：

1．沸水下锅、焯水的动作要快，去除兰溪大仙菜中的苦涩味。

2．掌握火候及调味时间，保持汤色清澈。

营养价值：兰溪大仙菜中具有多种人体必需的维生素和矿物质。

保健功能：散热、理气、补脾、抑制肿瘤。

【典故】“大仙菜”，金华人称“三月青”。大仙菜炒熟后青碧如玉，故俗称“落汤青”，食后略带苦味，传说是黄大仙用治病救人后的药渣作肥料后长大，因此赋予神奇名称“大仙菜”。“大仙菜”色、味俱佳，食后回味无穷，具有清凉理气之药效，又加上美丽的传说，是兰溪民间一道食之不厌的佳肴，又是招待亲朋好友的地方特色菜。只有当地种植的大仙菜才是正宗的，移植别地，味道全然不如原产地的，仿佛冥冥之中真的有一股神奇的力量在显现。

萝卜肉圆

烹调方法：蒸　菜系：金华菜　编号：06

原料

主料：金华北山萝卜1000克、三层肉200克。

辅料：农家番薯粉200克、藕粉100克。

调料：生抽40克、老抽10克、寿生酒15克、味精2克、葱花5克。

制作过程：

1. 将金华北山萝卜、三层肉切成丁，萝卜丁焯水，捞起沥干。

2. 盛器内放入肉丁、萝卜丁、寿生酒、食盐、酱油、农家番薯粉、藕粉等拌匀。

3. 将拌好的馅料捏成球形肉圆，放入垫好荷叶（或菜叶）的蒸笼，用旺火蒸12分钟出笼，撒上葱花装盘。

成品特点：色泽酱红，肉圆绵糯，肉嫩味鲜。

制作关键：

1. 萝卜要选择金华北山的高山萝卜，汁多无渣。

2. 猪肉选择金华两头乌五花肉，肥瘦均匀者最佳。

3. 制作时严格控制番薯粉、藕粉使用量，使成品口感绵软，又具有一定弹性。

营养价值：萝卜含有能诱导人体自身产生干扰素的多种微量元素，可增强机体免疫力，并能抑制癌细胞的生长，对防癌、抗癌有重要意义。萝卜中的芥子油和膳食纤维可促进胃肠蠕动，有助于体内废物的排出。常吃萝卜可降低血脂、软化血管、稳定血压，预防冠心病、动脉硬化、胆石症等疾病。

保健功能：具有清热生津、凉血止血、下气宽中、消食化滞、开胃健脾、顺气化痰的功效。

【典故】萝卜肉圆是一道浙江金华的传统特色名菜。在金华，每个家庭，每逢过年过节，必须要做上一盘萝卜肉圆。萝卜肉圆的圆，蕴含着团圆平安。

传说在金华北山盘前村一带，一向种植爽口的白萝卜，可是有一年被外来恶龙引起山洪暴雨，把北山上的肥土都刮尽冲走。种下的萝卜再也不会变大，且又干瘪又多筋。正在北山道观的黄大仙得知此事后，用“吹灰成土”术，把香灰吹来变成肥沃土壤。村民再种萝卜，一个个长得又大又白，还脆嫩多汁。百姓用萝卜做出各式佳肴，而萝卜肉圆因此成了金华人的传统美味。

馒头扣肉

烹调方法：蒸　菜系：金华菜　编号：07

原料

主料：两头乌五花肉 800克。

辅料：金华仙桥馒头10个、北山水发笋干150克。

调料：生抽60克、金华寿生酒500克、老抽25克、白糖30克、味精5克、小葱250克、生姜50克、精盐5克。

制作过程：

1. 两头乌五花肉洗净，焯水至八成熟，捞起，放置两三个小时沥干水分。
2. 将老抽均匀涂抹在五花肉皮上。
3. 锅内倒油，待油温升至八成热时，把肉放入油锅炸制，看到猪皮有点结痂起皮，捞出。
4. 将肉改刀成0.5厘米厚的片，肉皮朝下扣入碗内，再摆入笋干。
5. 加生抽、白糖、葱段、姜片进行调味，上笼加盖蒸制1小时左右（先大火烧开再转为小火），出锅将成品扣入碗中，菜心围边点缀即可。
6. 扣肉与蒸好的馒头一起上桌。

成品特点：猪肉红亮，笋干入味，鲜香油润，酥糯不腻，咸鲜中略带甜味，搭配金华特有的大酵馒头。

制作关键：

1. 条肉应选用新鲜带皮金华两头乌五花硬肋肉，肥瘦相间，肉质紧实。
2. 笋干选用金华本地的高山水发笋干，口感极佳。
3. 肉块要大小均匀，焖制时间适宜，至肉八成熟，汤汁浓稠即可起锅。
4. 蒸时必须用旺火蒸至肉质酥糯。
5. 家庭制作也可反复蒸数次，使肉与笋干的味互相吸附，更为可口。

营养价值：同本书第6页（东坡肉）。

保健功能：同本书第6页。

【典故】《汤溪县志》云：“自来贤士大夫，春秋佳日，偶事游观之乐，必于九峰。”传说北宋年间的一位清官、永康人、兵部侍郎胡则很喜欢吃馒头夹肉。因战事告急，胡则曾在汤溪九峰山的点将台上出征点将，老百姓送军出征。可将士们因为行军太急，顾不上吃饭。胡则急中生智，将甜酒酿掺入面粉揉成面团，发酵后揉成圆形馒头上笼蒸熟。同时，将百姓相送的猪肉切成麻将大小的方块，焯水后洗干净，用酱油米酒烹烧，并放大葱、生姜、大蒜、八角、桂皮和水，用小火煮，片刻即熟。将出笼的馒头夹上红烧肉，分发给每个将士，将士们不再饿着肚子上战场，士气大振，在战斗中发挥了不小作用。以至于到了南宋时期，这种馒头成为宫廷贡品。

磐安药膳炖猪肚

烹调方法：炖　菜系：金华菜　编号：08

原料

主料：磐安猪肚500克。

辅料：茯苓3克、当归2克、金华火腿10克、白胡椒2克、新鲜铁皮石斛8克、磐安野生牛肝菌100克、元胡3克。

调料：金华寿生酒2克、鸡汤200克、精盐3克、味精2克、生姜10克、小葱5克。

制作过程：

1. 猪肚用精盐、面粉、白酒搓洗至里外干净，加小葱、生姜、黄酒焯水3分钟，去掉异味，冲洗干净切成约2. 5厘米的条。

2. 牛肝菌切成约0.3厘米厚的片，焯水洗净。

3. 取砂锅一只，放入茯苓、当归、生姜、白胡椒、火腿、元胡和焯水处理过的猪肚、牛肝菌，添入鸡汤，放入铁皮石斛，加盖小火煲约4小时至软烂，加入精盐、味精即可。

成品特点：汤色清澈，味道鲜美，滋补健胃。

制作关键：

1. 猪肚必须清理干净，焯水要透。

2. 掌握火候，保证其汤色清澈。

营养价值：猪肚含有大量人体必需的氨基酸、维生素和微量元素。

保健功能：猪肚即猪胃，据《本草纲目》记载，其性微温、味甘，有中止胃炎、健胃补虚的功效。

【典故】磐安多山林，由于气候适宜，山中生长着各种药材和动物。相传清朝末年有一猎户上山打猎，猎得一头大猪，回家宰杀后发现猪肚内有大量的石斛根茎，其将猪肚洗净加入几味本地药材炖给常年胃痛的妻子吃，妻子食用后胃病全消。从此这道药膳在民间传播开来，延续至今。

武义豆腐丸子

烹调方法：煮 菜系：金华菜 编号：09

原料

主料：武义盐卤豆腐300克。

辅料：五花肉末100克、香菇末50克、竹荪10克、枸杞2克、火腿末50克、五花肉200克、菜心100克。

调料：精盐8克、味精2克、葱白末10克、姜末10克、面粉100克、高汤2000克、十三香2克。

制作过程：

1. 将盐卤豆腐放进一个大盆里，加入五花肉末、香菇末、葱白末、火腿末、十三香、精盐、味精，搅成糊状。

2. 舀一勺豆腐糊做成球状放入盛有面粉的大碗内，在碗内轻轻晃动，均匀沾上面粉，制成圆形的豆腐丸子。

3. 将豆腐丸子倒入沸腾的高汤中煮十多分钟，汤汁烧开后开小火，还要加上一两次高汤。

4. 锅内加水，倒入竹荪、菜心焯水，放入容器内。

5. 待豆腐浮起后捞出，汤中加入精盐、味精调味。将豆腐丸子和汤汁盛入器皿中。

6. 菜品上笼蒸至8分钟即可。

成品特点：色泽洁白，口感细腻，汤汁浓香，入口即化。

制作关键：

1. 豆腐要选用武义上好的盐卤豆腐。

2. 煮制豆腐丸子要用肉汤做底汤，这样可以使菜肴更具风味。

3. 滚沾面粉时的速度要快，否则表壳过厚影响菜肴口感。

营养价值：豆腐营养丰富，含有铁、钙、磷、镁等人体必需的多种微量元素，还含有糖类、植物油和丰富的优质蛋白，素有“植物肉”之美称。大豆的蛋白质生物学价值可与鱼肉相媲美，是植物蛋白中的佼佼者。大豆蛋白属于完全蛋白质，其氨基酸组成比较好，人体所必需的氨基酸它几乎都有。

保健功能：豆腐健脑的同时，还能抑制胆固醇的摄入。大豆蛋白显著降低血浆胆固醇、甘油三酯和低密度脂蛋白，不仅可以预防结肠癌，还有助于预防心脑血管疾病。

野蜂巢蒸火腿

烹调方法：蒸　菜系：金华菜　编号：10

原料

主料：三年金华火腿中方200克。

辅料：金华野生蜂巢80克。

调料：野生蜂蜜50克、白糖20克、金华寿生酒50克。

制作过程：

1．选用上好的金华火腿取中方，切成长8厘米、宽2厘米、厚度0.5厘米的薄片，置于盘中。

2．火腿片上均匀浇淋上野生蜂蜜、白糖、金华寿生酒进行调味。

3．将金华本地野生蜂巢改刀并放置于火腿片中间。

4．入蒸笼旺火蒸15分钟，取出即可。

成品特点：造型美观，色泽红亮，咸甜适口，甜而不腻。

制作关键：

1．选材讲究，需选用腌制三年以上的“老腿”，取肥瘦相间的中方部位。

2．选用金华高山上的野生蜂巢和蜂蜜，原汁原味。

营养价值：野生蜂巢含有丰富的生物酶、维生素和多种微量元素，同时集蜂胶、蜂王浆、花粉、蜂蜜、幼蜂为一体，具有更好的保健治病功效，为蜜中之极品。火腿含有丰富的蛋白质、脂肪、维生素及矿物质等成分，还含有人体所必需的18种氨基酸。

保健功能：体弱多病患者及日常烟酒人士食用野生蜂巢，具有理肺养胃、抵抗和排除身体病毒、增加免疫力的作用。火腿具有吸收率高、饱腹性强等优点，能够维持钾、钠平衡，消除水肿，提高人体免疫力。

【典故】野生蜂巢蒸火腿是浙江金华传统名菜，属于浙江菜。相传一位农夫上山采集药材，发现一处野生蜂巢，故采集回来，给当地的厨师金某烹制，金师傅利用当地食材金华火腿，此菜选料讲究，取用金华火腿中的精华部位火腿上方雄片作原料，此部位肉多无骨，便于切片成形。刀工技法须十分娴熟精致，才能切成薄厚均匀的薄片，刀法宜用推拉刀。此菜色泽红润似火，片薄油亮，香味浓郁，咸鲜适口，饶有回味。金华火腿富含蛋白质及多种矿物质，据《原草目纲丢遗》等记载，具有补肾、养胃、生津、壮阴、固骨髓、健脚力等功能。故野蜂巢蒸火腿既是珍贵的食物,也是高档的养生滋补品。由此，这道菜成为当地一道地方传统名菜。

育人元素：文化自信

专、美、信，共筑儒厨之道

王晟兆

我是金华开放大学城市服务学院副院长、高级技师、高级考评员，从教15年，致力于烹饪人才培养、地方特色菜肴开发与创新、中式菜肴国际交流与推广等。

从开始从事烹饪行业到成为一名教书育人的教师，再到协同一个专业和一个学院共同前行的领导，我始终不忘在儒厨的道路上修炼、前行。

专——专注专业

多年来，我专注于自身专业研究能力和专业技术水平的提高，进入多个企业学习专业技能、参与多项培训提高研究能力，曾获评浙江省烹饪大师、金华市首席技师、金华市技能之星、金华市教坛新秀、浙江省百千万人才、浙江省312第二层次人才等荣誉称号，在浙中地区餐饮行业具有较大的影响力。同时兼任中国区域世界厨联青年厨师联合会委员，2021年成功获批金华市技能大师工作室，同年被浙江省教育厅聘为浙江省首批职业教育行业指导委员会委员。

美——尚德美育

无论是厨师还是教师，都需要拥有高尚的德行，这是成为真正儒厨的必备条件，也是以身立教的基础。在修师德正师风的同时，通过加强自身修养，提高文化修为提升自身认识美、理解美、欣赏美、创作美的能力，对教学大有裨益。

信——文化自信

二十大报告中指出，要增强中华民族文化影响力，而饮食文化以其特有的优势，能够成为中华文化传播的助力。中华美食源远流长，作为儒厨，我一直致力于以一道道美食延续着本土精神面貌，展现了中华餐饮的魅力，让每一道美食的享用者乐在其中，彰显文化自信，更要将美食推向世界。

专、美、信，共筑儒厨之道，成为育人匠心的儒厨，我一直在路上。

2022年11月16日

思考与讨论

1. 如何从“舌尖上的中国”感受文化自信?

2. 简述金华菜的特点。

3. 列举用金华特产制作的20道名菜肴。

4. 简述金华胴骨煲的由来、制作工艺流程、营养价值与保健功能。

5. 制作1个自己设计的创新菜肴，写出制作过程、创新点并附图片。

丽水菜

丽水菜概述

丽水市位于浙江省西南部，市域面积1. 73万平方公里，占浙江省陆地面积的1/6，是全省面积最大的地级市。全市户籍总人口266万人，现辖莲都区、龙泉市、青田县、云和县、庆元县、缙云县、遂昌县、松阳县、景宁县，9个县（市、区）均为革命老根据地，景宁县是全国唯一的畲族自治县和华东地区唯一的少数民族自治县。

丽水生态优越，环境得天独厚。丽水山好：森林覆盖率80. 79%，全国第二；海拔1000米以上山峰3573座，其中凤阳山黄茅尖1929米，为第一高峰。丽水水好：是瓯江、钱塘江、飞云江、椒江、闽江、赛江“六江之源”，境内水质达标率98%，饮用水合格率100%，水环境质量全省第一。丽水空气好：每立方厘米空气的负氧离子平均浓度为3000个，市区空气优良率90. 1%，是全国空气质量十佳城市中唯一的非沿海、低海拔城市。生态环境状况指数已连续12年全省第一，生态环境质量公众满意度连续8年全省第一，生态文明总指数全省第一。

丽水风光秀美，自然资源丰富。全市森林、水能、矿产、野生动植物等自然资源总量均居全省首位，有“动植物摇篮”之美誉。旅游资源非常丰富，全市共有旅游资源单体2365个，其中优良级353个；有党史胜迹465个，是第二批全国红色旅游经典景区。全市已建成国家4A级旅游景区19个、省级旅游度假区5个，高等级景区数量居全省第三。累计建成美丽乡村风景线25条、美丽乡村精品村（示范村）257个，发展农家乐（民宿）2864家，床位3万张。

勤劳聪慧的丽水人民在这片广袤而美丽的山水间繁衍生息、辛勤耕耘，创造了源远深厚、令人垂涎的养生文化和美食文化。丽水美食，传承千百年瓯江养生美食文化之精髓，融合科学营养学说和现代烹饪技艺，地方风味突出，火锅文化底蕴深厚，烹饪用料广泛，口味清鲜细嫩，鲜咸适中，选料讲究，配料巧妙，烹调方法多样，擅长炒、烧、炖、煨、蒸等，很好地保护了食材的营养素，达到养生烹饪的效果。

丽水下属各县市均有众多具有当地特色的菜肴，缙云、遂昌又有各类的野菜、土菜，有缙云土面、干菜豆腐、翡翠羊柳卷、红烧溪鱼；莲都区有山粉圆、咸菜火锅；庆元是香菇之乡，有百菇宴；龙泉的鱼头很出名，有安仁鱼头火锅、安仁鱼头烧豆腐、茶丰泥鳅火锅、油老鼠；景宁有黄米粿等等。可让人一饱口福，享受绿色天然的美味佳肴。

特色美食，是一个地方的味觉标志，也是一座城市的集体记忆。一方水土出一方美食，处州大地经典美食荟萃，在“丽水味道”里，不仅有视、听、嗅、味的感官体验，更是一道让人心驰神往、心醉神迷的文化大餐。丽水各地经典美食汇聚，传承丽水味道精髓，助力餐饮，开启了丽水味道体验。

处州白莲

烹调方法：蒸　菜系：丽水菜　编号：01

原料

主料：处州白莲350克。

辅料：枸杞5克。

调料：白糖75克、水淀粉25克。

制作过程：

1. 将排列好的白莲用糖水蒸40分钟，至白莲酥烂。

2. 将莲子扣入碗内，用糖水调成薄芡淋在莲子上，放上枸杞即可。

成品特点：酥烂香甜。

制作关键：白莲品质好的才容易蒸酥。

营养价值：莲子的营养价值较高，含有丰富的蛋白质、脂肪和碳水化合物，莲子中的钙、磷和钾含量非常丰富。

保健功能：具有防癌抗癌、降血压、强心安神、滋养补虚、止遗涩精等功效。

【典故】处州又名莲城，古时周边盛产白莲，品质上乘，尤以富岭的白莲最为有名，其白莲香而酥烂，形圆色白，是馈赠和调养之佳品。

早在1400多年前，处州已开始种植荷莲。南宋著名诗人范成大任处州郡守时，在府治内构筑“莲城堂”，公余闲暇赏荷品莲。明代戏曲家汤显祖曾任处州府遂昌县令，在他的诗篇中，常常提到“莲城”。丽水早在800年前就有“莲城”之誉。“处州白莲”具有粒圆、饱满、色白、肉绵、味甘五大特点，在同类产品中名列前茅。《处州府志》载：“自萧梁詹司马疏导水利，有濠河二处……，其壕阔处，半植荷芰，名荷塘……”

工头大肉

烹调方法：焖　菜系：丽水菜　编号：02

原料

主料：猪五花肉1000克。

辅料：稻草10根、小油菜心12棵。

调料：小葱100克、生姜50克、蚝油5克、糯米黄酒100克、精盐5克、酱油50克、白糖40克、香叶2片、干辣椒2克、茴香2克、桂皮2克、色拉油10克。

制作过程：

1．将猪五花肉皮上的毛刮干净，放入水中，加入葱结、料酒汆至五花肉断生，使其定型，改刀成5厘米见方的块（约重100克/块），待用。

2．用稻草将方肉逐块扎好，备用。

3．将锅洗净，加色拉油与白糖，将白糖炒成焦黄色时，放入肉块，加料酒、蚝油、酱油、清水、生姜、葱段、香叶、干辣椒、茴香、桂皮，加盖小火焖2～3小时，使肉酥烂，改用大火将汤汁收至浓稠时即可关火。

4．锅中加清水、精盐、色拉油，将小菜心汆水，调味和肉一起装盘。

成品特点：具有红亮的色泽，酱香、酒香、葱香扑鼻，口味酥糯，入口即化。

制作关键：

1．取料要讲究，不宜太肥或太厚，宜取厚度在5～6厘米。

2．讲究刀工精细，肉改刀成方块必须均匀一致，一块肉为2两左右。

3．要做到慢工慢火，自然收汁。

营养价值：同本书第6页（东坡肉）。

保健功能：同本书第6页。

【典故】在明代，景宁采矿业发达，尤其是白银的开采和冶炼。吴岳良、胡乔、陈瑬是其中的佼佼者，尤以陈瑬最为突出，当时他以大量白银资助军队打击倭寇而被朝廷授予“赈边承事郎”，同时他创造了三个建筑奇观，一处有36个中堂、冠绝处州十县、涵盖凤山书院的大房子，一堵汇集从毛垟到青田瓯江上精美鹅卵石的十三行卵石大墙，还有一处建制宏大、现在属于省级文物保护单位的全石墓葬。陈瑬在创造财富时给人平和温情的感觉，而对每组雇工中的工头每餐烹制约4两重的大块肉特殊照顾。工头大块肉此后形成传统。

在农村，婚娶喜庆宴请，每人两块大肉；寿请丧事祭祀散福和造房子等宴席则每人一块大肉，肉块越大越有分量，表示主家越豪爽。大块肉的醇香滋补无与伦比，在景宁民间，许多长寿老人喜爱吃大块肉。

家烧田鱼

烹调方法：烧　菜系：丽水菜　编号：03

原料

主料：青田田鱼2条约700克。

调料：精盐2克、味精2克、鸡精2克、白糖2克、料酒5克、生姜2克、红辣椒2支、大蒜3克、葱结3克、猪油15克、青蒜叶2克。

制作过程：

1．锅烧热滑锅，加猪油、生姜片煸香，放入田鱼两面煎至金黄色，加入黄酒、精盐、清水，烧3分钟后，再加入调料，再烧20分钟。

2．将烧好的田鱼出锅放入盘中，浇上鱼汤汁，点缀上青蒜叶与红辣椒即可。

成品特点：口味鲜醇，肉质鲜嫩，鳞片柔软可食，营养丰富。

制作关键：鲜活田鱼宰杀，不用去鳞片。

营养价值：田鱼富含蛋白质、氨基酸，纤维素，营养丰富。

保健功能：具有健脑、益智、清凉、解毒、美容的功效。

【典故】青田养殖田鱼有上千年的历史，光绪年间版《青田县志》记载：“（田鱼）有红、黑、驳数色，土人于稻田及汙池养之。”稻鱼共存的生养系统，田面种稻，水体养鱼，鱼粪肥田，稻谷为鱼遮阴，鱼吃田间杂草、害虫。田鱼是鲤鱼科的一种，自古生活在浅水里，颜色丰富，有红、黑、花、灰、粉等颜色。青田稻田养鱼受到联合国关注，2005年被联合国列为世界农业文化遗产。

关于田鱼的由来，有一个美丽的传说。在青田县的南部有座高山，山上有湖名为龙潭湖。这湖是东海龙王的行宫。东海龙王经常会腾云驾雾过来小住。因为随龙而来的云彩奇特多姿，非常漂亮，所以人们把这座山命名为奇云山。有一次龙王在山中的一个村庄上空现出真身，村民看到，以为吉祥，于是就为村庄取名龙现。

龙王知道这件事情后，感觉很好，因此想为村民做点事略表心意。于是，他就召来龙潭湖行宫的管事询问龙现村的情况。行宫管事回话，龙现村民风淳朴，人们本分勤劳，以积德行善为荣。不过这里物产不丰，村民以种植水稻为生，能混个温饱就不错了，若遇上个天旱虫灾，还是食不果腹。龙王听后说，人勤心善当得好报。岸上的事情我不管，与水有关的事情我可做。自此之后，不论天旱与否，我要让奇云山水清冽、泉不断，不缺田水；再遣黄河鲤鱼到龙现的水田吃虫松土，确保增产增收。黄河鲤鱼到龙现后，就化成了田鱼，从此龙现稻丰鱼肥。善良的龙现人并没有独享其利，而是把田鱼养殖技艺传授给四里八乡，让更多的人从中受益。

金蹄笋筒砂锅

烹调方法：炖　菜系：丽水菜　编号：04

原料

主料：笋筒250克、咸蹄250克。

调料：精盐5克、味精5克、黄酒10克、生姜3克、葱段3克、高汤500克。

制作过程：

1. 将笋筒用温水泡制12～24小时，再用清水漂洗干净，备用。

2. 将漂洗干净的笋筒、咸蹄进行焯水，备用。

3. 将锅置旺火上，滑油后下姜块煸香，入咸蹄翻炒，烹入黄酒、高汤烧开，加入笋筒，改小火炖1小时左右，至汤浓白，最后放入味精，撒上葱段，即可。

成品特点：汤汁味鲜、醇厚，笋筒爽口入味，咸蹄鲜香微糯，荤素搭配合理。

制作关键：

1. 选择优质高山清明节前白笋制作的生态笋筒，农家腊月腌制的自然风干的土猪脚。

2. 笋筒要浸泡透，最好用柴火慢炖1小时以上。

营养价值：

1. 竹笋含有丰富的蛋白质、氨基酸、脂肪、糖类、钙、磷、铁、胡萝卜素、维生素B_1、维生素B_2、维生素C。

2. 咸蹄含有蛋白质、脂肪、碳水化合物、钙、磷、镁及维生素A、维生素D等，富含胶原蛋白。

保健功能：

1. 竹笋具有清热祛火、化痰止咳、养肝、消食、止血、凉血、明目、润肠、养阴、补虚等功效。

2. 咸蹄能防治皮肤干瘪起皱，增强皮肤弹性和韧性，对延缓衰老和促进儿童生长具有特殊意义。

缙云敲肉羹

烹调方法：烩　菜系：丽水菜　编号：05

原料

主料：土猪肉200克。

辅料：笋20克、香菇20克、红薯粉200克。

调料：小葱10克、精盐5克、酱油30克、味精10克、黄酒10克、猪油20克。

制作过程：

1．将红薯粉先用清水泡好，备用。

2．将土猪肉切薄片，放上红薯粉，把切好的肉沾上适量的红薯粉，然后用工具轻轻敲打片刻，直至肉片呈薄饼状，撕成小片，然后平摊在米筛上备用。

3．锅留底油，加入笋丁、香菇丁翻炒，加水，放入精盐、味精、酱油、猪油，大火烧至沸腾，放入敲好的肉片，倒入事先调好的红薯粉芡汁，边倒边搅拌，淋入剩余猪油，再用旺火烧滚，之后撒上香葱即可。

成品特点：状似琼脂，色如琥珀，肉质脆嫩，鲜香爽滑。

制作关键：

1．敲肉是关键，要保持肉质脆嫩。

2．菜肴制作中要用猪油。

营养价值：土猪肉含有蛋白质、脂肪、磷、钙等营养成分，红薯粉含有蛋白质、糖、脂肪、磷、铁、钙、胡萝卜素等营养成分。

保健功能：

1．红薯粉中所含的钾有助于人体细胞液体和电解质平衡，维持正常血压和心脏功能。红薯粉所含的β-胡萝卜素（维生素A），具有抗癌作用。

2．猪肉具有滋阴润燥，补虚养血，润肠胃、生津液的功效。

【典故】据说，1945年丽水庆祝抗战胜利，缙云群众敲锣打鼓聚集到丽水西大门——黄碧街，但是负责烧饭的为难哟，万人聚会只有区区12头猪，人多肉少，又不能扫了大家的兴，怎么办？再上门去做工作，村里能拿出的也就是红薯粉了，最后烧菜大厨决定把猪肉洗净，香菇干放水泡好，把红薯粉放在切好的肉片上，让下手拿擀面杖拼命地敲，再沿马路支大锅，放水放料加工好。没有想到，烧出来的羹不仅够，有些人还吃了好几碗，味道奇鲜，这种烧法流传下来，现在缙云家家户户宴席，这是必不可少的一道好菜。

丽水泡精肉

烹调方法：炸　菜系：丽水菜　编号：06

原料

主料：夹心肉300克。

辅料：面粉250克。

调料：白糖35克、味精5克、美极鲜酱油5克、黄酒3克、生姜2克、小葱2克、松肉粉1.5克。

制作过程：

1. 先把夹心肉切成条（约1厘米粗），入碗加松肉粉腌渍，备用。

2. 取一碗清水，加入小葱、生姜，倒入腌过的肉条，浸泡5分钟，捞出沥干水分，去掉小葱、生姜，加入黄酒、酱油、白糖、味精、精盐搅拌均匀，把腌过的肉条均匀地裹上面粉，备用。

3. 锅烧热加油，将肉条再次裹上面粉，当油温升至七成热时，倒入肉条炸至结壳捞出，待油温再次升高时，将肉条复炸至金黄色时捞出，装盘，随带酱、醋碟上桌。

成品特点：色泽金黄，松香可口，是丽水家宴中不可缺少的一道菜肴。

制作关键：

1. 要在葱姜水中至少浸泡5分钟，去除松肉粉的碱味。

2. 调味时一定要搅拌均匀，使其入味。

3. 掌握好炸制的油温，才能达到松香的口感。

营养价值：同本书第6页（东坡肉）。

保健功能：同本书第6页。

【说明】泡精肉在丽水是一道传统名菜，在当地十分流行。用猪瘦肉加干粉炸制而成的泡精肉，早年在酒宴中是不可缺少的菜肴。泡精肉大多作为冷盘上席，平时只有家境比较富有的人才能常吃此菜。如今不仅各个酒店都有此菜，丽水市内的各个卤菜店也都有售。此菜特点是外香脆、里鲜嫩。

青田三粉馍

烹调方法：蒸　菜系：丽水菜　编号：07

原料

主料：高山地瓜粉500克、高山毛芋500克。

辅料：白萝卜丁20克、胡萝卜丁20克、香菇丁20克、茭白丁20克、螟蜅干丁20克、肉末20克、腰果末20克、粽叶50克。

调料：大蒜丁20克 、生姜片5克、葱花20克、白糖3克、鸡精2克、精盐2克、味精1克。

制作过程：

1. 将毛芋用水煮透后，去皮，搅碎呈泥状，待用。

2. 取部分地瓜粉（番薯粉）用开水烫透，加入搅碎的毛芋泥搅拌均匀，再放入干的地瓜粉揉至表面光滑，备用。

3. 将锅洗净烧热，放入油、生姜煸出香味，捞出生姜。把螟蜅干丁、香菇丁、白萝卜丁、胡萝卜丁、茭白丁、肉末煸炒，加入精盐、白糖、味精、鸡精炒匀，加入大蒜丁出锅，再放入腰果、葱花拌匀，制成馅料，待用。

4. 将馅料放入三粉皮中，制成三粉馍，备用。

5. 将三粉馍垫粽叶，入笼蒸20分钟，取出即可食用。

成品特点：入口细滑，充满浓厚的山间乡野风味，味道不再单调，更加新鲜可口。

制作关键：地瓜粉要一点一点加，不要一次倒入太多，否则做皮时容易散掉。

营养价值：毛芋含有丰富的淀粉、糖分、蛋白质、油脂等，营养丰富。

保健功能：

1. 毛芋性平，味甘、辛，有小毒，能益脾胃，调中气，化痰散结。

2. 地瓜粉能通肠排便，增强免疫力。

【说明】青田三粉馍又称山粉馍糍，是浙江省丽水市青田县著名的小吃，是端午、冬至、春节等传统节日招待远来客人的地道好点心。青田人在过年的时候最喜用三粉饺子待客，在他们眼里三粉饺子是一道最具亲和力的菜，既素又香。

高山小黄牛

烹调方法：焖　菜系：丽水菜　编号：08

原料

主料：高山小黄牛肉500克。

辅料：冬瓜球250克。

调料：生姜15克、大蒜叶15克、小米椒5克、葱段10克、黄酒250克、酱油6克、味精10克、味极鲜25克。

制作过程：

1. 将小黄牛肉切成2厘米见方的块，然后焯水。
2. 锅中放油，将小黄牛肉放入锅中炒香，再放姜片炒香。
3. 放入黄酒、味极鲜、酱油、清水各少许，小火焖40~50分钟后出锅装盘。
4. 大蒜叶切成两厘米长的段，小米椒切粒，放入油锅内炒香，浇在小黄牛肉上即可。

成品特点：色泽光亮，肉质鲜嫩，口感筋道十足。

制作关键：掌握好焖制时间，控制好火候。

营养价值：牛肉富含肌氨酸、维生素B_6、铁、钾等营养成分。

保健功能：具有增长肌肉、增强免疫力、补铁补血、抗衰老的功能。

歇力茶炖猪手

烹调方法：炖　菜系：丽水菜　编号：09

原料

主料：土猪脚1000克。

辅料：鹊山鸡蛋10只、歇力茶 300克。

调料：精盐10克、白糖 10克、黄酒100克、生姜15克。

制作过程：

1. 将土猪脚改刀成5厘米长，2厘米宽的块，加黄酒焯水，捞出备用。

2. 将歇力茶用冷水泡洗2次。砂锅内加清水，放入歇力茶，转小火煎20分钟。

3. 砂锅留底油加入姜片煸香，放入猪脚，炒干水分，加入煎好的歇力茶汁，加黄酒、白糖、精盐，小火炖2小时，洗净的鹊山鸡蛋在猪脚炖1小时之后放入，即可。

成品特点：肥而不腻，茶香可口。

制作关键：煎歇力茶和炖歇力茶猪脚时不能用铝锅。

营养价值：猪脚中含有较多的蛋白质、脂肪和碳水化合物，并含有钙、磷、镁、铁以及维生素A、维生素D、维生素E、维生素K等有益成分。

保健功能：具有强身健脾、芳香化湿、清热解湿、增强免疫力、补铁补血、抗衰老等功效。

【**说明**】松谷平原，从古至今都是处州的粮仓，“双抢”季节开始之前，松阳民间大众会用无名旺、香绳、千层皮、乌根儿、石榴、石菖蒲、无阴绳、小胖蒲等5~9种草药配制歇力茶，与猪脚、土鸡、土鸡蛋炖煮，吃后祛风除湿，增强体魄。

秀水白条

烹调方法：蒸　菜系：丽水菜　编号：10

原料

主料：云和有机白条鱼1500克。

辅料：葱丝2克、姜丝2克、红椒丝2克。

调料：小葱25克、生姜15克、精盐5克、黄酒10克、自制豉油汁50克。

制作过程：

1. 将白条鱼宰杀后洗净，取头，沿主骨剖成两爿，在雄爿上每隔1厘米切断，肚裆相连，雌爿操作方法相同。

2. 将改刀后的白条鱼放入盘中，加精盐、料酒、葱段、姜片，蒸制5分钟。

3. 将蒸好的白条鱼去掉小葱、生姜，淋上豉油汁，撒上葱丝、姜丝、红椒丝。

4. 将锅洗净置火上，入油烧至八成热时，在白条鱼上浇上热油即可。

成品特点：肉质紧实而不干，细腻而鲜美。

制作关键：

1. 一定要洗净血水。

2. 控制好火候。

营养价值：白条鱼富含蛋白质、钙、铁、维生素B_1等。

保健功能：具有和中开胃、活血通络的功效，对水肿、气管炎、哮喘、糖尿病有食疗的作用。

【说明】此菜是云和地方仙宫湖鱼宴中的头菜，其身价、地位可想而知，优越的仙宫湖环境和水质资源是白条鱼的品质基础，也因此称之为“秀水”。

育人元素：生态文明

好的生态培育好的食材

麻根华

我曾获中国烹饪大师、浙菜金牌大师、浙菜专家名人院顶级大师、浙菜工匠、浙江省“百千万”高技能领军人才第二层次“拔尖技能人才”、改革开发40年浙江餐饮业卓越浙菜大师、浙江省首批德艺双馨优秀厨师等称号和荣誉，是浙江省技能人才评价高级考评员、国家级烹饪技能竞赛裁判员、丽水市首席技师、莲都名技师，任浙江省餐饮协会名厨专业委员会副主任、丽水市名厨专业委员会主任、丽水市厨师协会会长。

从事餐饮行业30余年，我不断思索餐饮人的观念变革，尤其在食材的选择上更加重视。丽水被誉为“浙江绿谷”，是第二批“绿水青山就是金山银山”实践创新基地，境内海拔1000米以上的山峰有3573座，是国家生态示范区、国家级生态保护与建设示范区。正是有好的环境、适合的气候，孕育了许许多多野生菌类，给我们提供了丰富、营养而珍贵的食材。

习近平总书记曾讲过“绿水青山就是金山银山”，指出了生态的重要性，我们只有保护好生态，大自然才能给我们更多的回馈。我作为丽水市名厨专业委员会主任、丽水市厨师协会会长，积极关注与呼吁保护好生态，让大自然产出更多更好的菌菇，并运用到菜肴的研发中，不断促进丽水地方特色菜肴的创新，为广大消费者提供更多、更好、更营养的美味佳馔。

2022年11月16日

思考与讨论

1. 从专业的角度如何理解生态环境的重要性。
2. 列举丽水出产的20种菌菇，各适合什么烹调方法。
3. 为什么家烧田鱼在制作过程中不用去鳞片？
4. 简述缙云敲肉羹的制作工艺流程、制作关键、营养价值与保健功能。
5. 以田鱼为食材，制作1个自己设计的创新菜肴，写出制作过程、创新点并附图片。

衢州菜

衢州菜概述

说起浙江的饮食，很多人都以为浙江因为地处东南沿海，所以这里的人不爱吃辣，喜欢清淡的口味，或者是偏甜的做法，确实如此，特别浙江北部的湖州和嘉兴，饮食基本上和苏州无锡相似，都是以家禽、畜肉与水产为主，而杭州口味也非常清淡。但是有一座城市，口味却和大家心目中的浙江饮食不一样，有较大差别，这就是衢州。

衢州旅游具有自然景观与人文景观相得益彰、景点丰富、交通便捷、特产众多、野趣较浓等优势，是一个观光、休闲度假、生态旅游的好地方，因而有“山水名城，神奇衢州”之称。

衢州虽然属于浙江，但是已经靠近了江西和皖南，所以饮食习惯离传统意义上的沿海地区比较远，并且这里因为靠近山区，所以当地的饮食偏辣。衢州被称为浙江最能吃辣的城市，和其他城市的饮食口味有较大的差别。衢州菜口味和江西菜口味比较接近，几乎任何菜都得放辣椒。衢州菜肴味重喜辣、风味独特，烹调讲究鲜嫩软滑，意在不变原味。三头一掌为衢州本地特色菜，分别是兔头、鸭头、鱼头和鸭掌。其中以兔头最具代表性，其肉质细腻、疏松，高蛋白、低脂肪、低胆固醇，有利于身心健康。而鸭头在衢州可算是一道常见的菜了，几乎每个本地的餐馆都会出现鸭头。

随着时代的变迁，现在浙江所辖其他城市也能看到衢州菜馆，主要烹制一些衢州土菜，还有三头一掌。独特风味菜肴对于年轻人来讲同样也是来者不拒，并且衢州的土特产，如土鸡、大白鹅、鱼头、青蛳、清水鱼、肉圆味道要比其他地方更好吃，毕竟靠山吃山靠海吃海，别的地方有海鲜，衢州有山货。衢州特色小吃也非常有名，有衢州烤饼、全旺山粉饺、常山贡面、葱花馒头、龙游发糕、开化培糕、炒粉干、油炸果等。

衢州地处闽、浙、赣、皖交界之处，从雕刻建筑、饮食习惯到地方曲艺、民俗风情均深受周边地域文化的影响。在对吴越文化、徽派文化以及福建的八闽文化和客家文化等诸多文化因素兼容并蓄的基础之上，衢州人民依靠自己的勤劳和智慧，在漫长的历史进程中，形成了有一定特色的衢州地方菜文化。

姑蔑巧手豆腐丸

烹调方法：汆　菜系：衢州菜　编号：01

原料

主料：老豆腐约750克。

辅料：肉末50克、地瓜粉50克、马蹄肉50克。

调料：生姜5克、小葱5克、精盐5克、鸡精3克。

制作过程：

1．将马蹄肉、生姜、小葱切成末。

2．把豆腐、肉末、马蹄末、葱末一起放入大碗中，豆腐抓成泥状，加精盐、鸡精，加入地瓜粉搅拌均匀，挤出的豆腐成型即可。

3．将搅拌好的豆腐泥挤成丸子形状，裹上地瓜粉，放入沸水中，烧至豆腐浮起，加精盐、鸡精出锅装盘，撒上葱花即可。

成品特点：质地软嫩，口感细腻，有弹性。

制作关键：

1．搅拌豆腐挤成丸子要成型。

2．豆腐要控制水，不能过湿。

3．沸水下锅。

营养价值：同本书第130页（武义豆腐丸子）。

保健功能：同本书第130页。

古法大桥煎泥鳅

烹调方法：煎、炒　菜系：衢州菜　编号：02

原料

主料：土泥鳅500克。

辅料：青椒30克、红椒30克、大蒜叶30克、雪菜30克。

调料：精盐3克、鸡精2克、黄酒2克、大蒜2克、生姜2克、色拉油80克。

制作过程：

1. 将青红椒切成小丁。

2. 锅内加水，烧沸，放入泥鳅烫熟捞出待用。

3. 锅洗净，加油，放入泥鳅煎制，加精盐，煎至表皮起酥，沥油。用锅铲背把锅中的泥鳅敲碎，呈泥状出锅待用。

4. 锅内加油，放入蒜泥、姜末、青红椒、雪菜、加工后的泥鳅，加入黄酒、精盐、鸡精、大蒜叶炒制，装入特制的容器中，覆扣装盘。

成品特点：酥香可口，造型独特。

制作关键：泥鳅煎酥脆并敲成泥状。

营养价值：泥鳅是高蛋白、低脂肪、低热量的食物，易于控制体重管理。泥鳅维生素B族含量丰富（特别是维生素B_3）。

保健功能：补益脾肾，利水，解毒。

家烧江郎红顶鹅

烹调方法：炖　菜系：衢州菜　编号：03

原料

主料：江山白鹅1只约2500克。

调料：生抽5克、老抽5克、黄酒10克、精盐4克、鸡精3克、生姜5克、小葱5克、茴香5克、桂皮5克、干辣椒10克、草果2克、香茅草2克、豆蔻2克、香叶2克、薄荷叶1克、色拉油50克。

制作过程：

1. 白鹅洗净切成4厘米长，2厘米宽的块。

2. 锅内加入冷水，放入鹅块，焯去血污，洗净待用。

3. 锅内加油，放入姜块、鹅块炒香，加入黄酒、清水、香料、生抽、精盐、鸡精等调料，放入瓷锅中小火慢炖约2小时。

4. 将炖好的鹅块倒入锅中收汁，盛入保温砂锅中，加入薄荷叶点缀即可。

成品特点：皮薄肉嫩，酥而不烂，芳香四溢。

制作关键：血污去净，鹅块炒香，掌握好炖制时间。

营养价值：鹅肉营养丰富，富含人体必需的多种氨基酸、蛋白质、多种维生素、烟酸、糖、微量元素，并且脂肪含量很低，不饱和脂肪酸含量高，对人体健康十分有利。

保健功能：具有益气补虚、和胃止渴、止咳化痰、解铅毒等作用。适宜身体虚弱、气血不足、营养不良之人食用。凡经常口渴、乏力、气短、食欲不振者，可常喝鹅汤、吃鹅肉，这样既可补充老年糖尿病患者营养，又可控制病情发展，还可治疗和预防咳嗽等病症，尤其对治疗感冒、急慢性气管炎、慢性肾炎、老年浮肿、肺气肿、哮喘、痰壅有良效，特别适合在冬季进补。

江源有机清水鱼

烹调方法：炖　菜系：衢州菜　编号：04

原料

主料：清水鱼1条约1500克。

辅料：紫苏6克、青蒜10克、红椒10克、青椒10克。

调料：大蒜6克、生姜6克、精盐6克、鸡精3克、黄酒30克、菜油100克。

制作过程：

1．清水鱼洗净，从背脊下刀，每隔两段切一刀，鱼肚仍相连。

2．红椒切指甲块，青椒也切成指甲块，紫苏改刀，青蒜切成段。

3．锅内加菜油，放入清水鱼煎，加入姜末、蒜泥、清水、黄酒，大火烧5~6分钟至汤浓白，加精盐，改用小火烧2~3分钟，放入青椒、红椒、鸡精，加入青蒜、紫苏即可出锅。

成品特点：汤色金黄、肉质鲜美、香味扑鼻。

制作关键：

1．选用开化清水鱼。

2．要用菜油。

3．汤要烧至奶白色。

营养价值：清水鱼富含蛋白质、磷、铜等营养成分。

保健功能：具有维持钾钠平衡、消除水肿功能。能调低血压，有利于生长发育。

开化生态青蛳螺

烹调方法：炒　菜系：衢州菜　编号：05

原料

主料：青蛳螺400克。

辅料：紫苏6克、青蒜10克、红椒10克、青椒10克。

调料：精盐3克、鸡精2克、黄酒15克、生抽3克、大蒜2克、生姜2克、色拉油30克。

制作过程：

1．青蛳螺剪去尾部，红椒、青椒切丁，紫苏改刀，青蒜切段。

2．锅内加油，加入蒜末、姜末、青红椒煸香，加入青蛳螺，加精盐、生抽、少许清水，略烧，加鸡精、紫苏、蒜叶，出锅装盘。

成品特点：肉质鲜嫩，口感微苦，风味独特，营养丰富。

制作关键：煸炒青蛳螺速度要快。

营养价值：青蛳螺含有丰富的硒、镁、磷、钠等微量元素。

保健功能：青蛳螺，解酒热、消黄疸、清火眼、利大小肠之药也。

【说明】开化青蛳，又称清水螺蛳。和一般的螺蛳不同，黑色细长的外壳，里面是灰绿色的鲜肉，就连肠子也是绿色的。青蛳生长区域为开化县全境流域中，对水温、水质以及周围的环境要求极高。须是活水，不宜太深，且不能有污染，水质均达到Ⅱ类水以上，有时甚至Ⅰ类水。开化青蛳在央视《舌尖上的中国Ⅱ》播出后，知名度骤增。由于市场对开化青蛳需求增加，人工试养兴起。该县水产技术推广站已开始培育人工养殖蛳产业，以期更好保护野生资源和满足市场需求。

南孔特色卤兔头

烹调方法：卤　菜系：衢州菜　编号：06

原料

主料：兔头12个。

调料：生抽5克、老抽5克、黄酒30克、精盐4克、鸡精3克、生姜5克、小葱5克、茴香5克、桂皮5克、干辣椒10克、草果2克、香茅草2克、豆蔻2克、香叶2克、辣椒末10克、白糖10克、色拉油75克。

制作过程：

1. 用剪刀把兔头上的污物处理干净（多余的毛、脂肪组织剪掉）。

2. 兔头放入冷水锅中焯水，去其血污，洗净。

3. 锅内加少许油，放入蒜末、姜末炒香，加入白糖，放入兔头，加入黄酒、清水、老抽、生抽、生姜片、香茅草、干辣椒、草果、香叶、豆蔻、桂皮、茴香，加入精盐、鸡精，大火烧沸，用小火卤制约2小时，捞出装盘。

4. 锅内加油，加入生姜、蒜泥、辣椒末炒香，加入老汤烧沸，撒上葱花，浇在已装盘的兔头上即可。

成品特点：兔头以红烧为主，口味以麻辣居多，被称作“美容肉，健康肉”。

制作关键：

1. 杂毛要剪干净。

2. 掌握好卤制的时间。

营养价值：兔肉含丰富的蛋白质、较多的糖类、少量脂肪（胆固醇含量低于多数肉类），及硫、钾、钠、维生素B_1、卵磷脂等成分。

保健功能：用于脾虚气弱或营养不良、体倦乏力，具有脾胃阴虚、消渴口干的功效。

钱江源头风干肉

烹调方法：蒸　菜系：衢州菜　编号：07

原料

主料：开化腊肉350克、开化笋干250克。

调料：精盐1克、鸡精3克、生姜5克、黄酒10克。

制作过程：

1. 将开化腊肉改刀切成均匀的厚片，开化笋干切成长短一致的块，再将笋干改刀成条。
2. 锅内加清水，放入改好刀的腊肉与笋干，加黄酒烧沸，改小火烧约6小时，捞出。
3. 把腊肉与笋干整齐码在盘内，加入少许精盐、鸡精，放入蒸屉蒸约10分钟即可。

成品特点：味道醇香，肥而不腻。

制作关键：腊肉笋干刀工处理要一致。

营养价值：腊肉中磷、钾、钠的含量丰富，还含有脂肪、蛋白质、碳水化合物等元素。

保健功能：腊肉是腌制食品，里面含有大量盐，所以不能每顿都吃，否则会超过人体每天摄入的最大盐量，所以当作调节生活的一个菜谱。当然可以先蒸煮或者多次蒸煮，尽量降低盐的含量，也就可以多吃了，与此同时也能享受腊肉的醇正香味了。

三衢药王土鸡煲

烹调方法：炖　菜系：衢州菜　编号：08

原料

主料：土鸡1只约1500克。

辅料：枸杞2克、铁皮石斛3克。

调料：生姜3克、小葱3克、精盐5克、鸡精3克、黄酒5克、色拉油60克。

制作过程：

1．杀鸡一只切成块。

2．锅内加油，放入生姜煸香，放入鸡块炒透，加黄酒、清水，大火烧开，加入精盐、鸡精，盛入瓷煲中，小火慢炖约1小时放铁皮石斛，再炖约2小时，放入枸杞，装入碗中即可。

成品特点：香味自然，口感微甜，有嚼劲。

制作关键：血水去净，鸡块炒香。

营养价值：同本书第9页（叫花鸡）。

保健功能：同本书第9页。

信安扛酱白馒头

烹调方法：炒　菜系：衢州菜　编号：09

原料

主料：龙游白馒头10个。

辅料：红椒10克、青椒10克、橘皮5克、洋葱20克、五花肉100克、马蹄肉50克、香干50克。

调料：大蒜2克、姜末2克、黄豆酱3克、老抽0.5克、黄酒2克、鸡精1克、色拉油50克。

制作过程：

1. 把辅料切成小丁，肉切成末。

2. 龙游白馒头上笼蒸5分钟。

3. 锅烧热加油，加入肉末，炒出香味，加入蒜泥、姜末炒香，加入黄豆酱等各种辅料炒透，加入鸡精出锅即可。

成品特点：馒头松软可口，馅料酱香味浓，营养丰富。

制作关键：各种辅料刀工要一致。

营养价值：馒头含有蛋白质、碳水化合物等。

保健功能：馒头有利于保护胃肠道，胃酸过多、胀肚，消化不良而致腹泻的人吃烤馒头会感到舒服并减轻症状。

浙西腐皮葱花肉

烹调方法：炸　菜系：衢州菜　编号：10

原料

主料：豆腐皮5张、肉末150克。

辅料：面粉180克、生粉120克、吉士粉50克、鸡蛋1个。

调料：小葱80克、精盐10克、黄酒15克、鸡精5克、色拉油1000克（实耗85克）。

制作过程：

1．将肉末放入碗中，加黄酒、精盐、鸡精、清水搅打上劲，加入葱花待用。

2．豆腐皮撕去边筋，把猪肉馅抹在豆腐皮上，抹平包起，用蛋黄封口。

3．将面粉与生粉以6∶4的比例混合并加入少量吉士粉调成糊状，加入少许色拉油。

4．锅内油加热，油温升至九成热时，将葱花肉生坯挂糊，入锅炸，炸至外皮结壳时捞出沥油。待油温再次升至九成热时，把葱花肉进行复炸，捞出，改刀装盘即可。

成品特点：色泽金黄，外脆里嫩，鲜香可口。

制作关键：

1．掌握好糊的调制比例。

2．控制好油温。

营养价值：同本书第32页（干炸响铃）。

保健功能：同本书第32页。

育人元素：诚实守信

诚实守信，餐饮之路越走越宽

雷小平

我是雷小平，烹调高级技师、省金厨奖获得者、省级技术能手，现任衢州国际大酒店行政总厨、衢州市餐饮行业协会副秘书长。

我从事厨师工作21年，始终在一线岗位上。作为一名资深的行政总厨，能根据市场需求，不断地挖掘传统名菜并能进行改革创新。在菜肴的研制与创新过程中，我尤其重视食材的真实性，即选用绿色环保食材，这是取信于顾客的前提，是保证消费者安全的基石。

要确保选用安全的食材，关键是餐饮工作人员要有诚信，而厨师是最后的把关者。诚信既是我们中华民族优秀的传统美德，也是传统文化的重要组成部分。我们中华民族素以诚信立足于天下，正如周恩来总理常说的，“言必信，行必果，互信共赢”已成为当今世界和谐共处发展的准则。诚信更是健康餐饮发展之路，诚信不仅具有教育功能、激励功能和评价功能，而且具有约束功能、规范功能和调节功能。就个人而言，诚信是高尚的人格力量；就单位而言，诚信是宝贵的无形资产；就社会而言，诚信是正常的生产生活秩序；就国家而言，诚信是良好的国际形象。

社会主义核心价值观强调诚实劳动，信守承诺，诚恳待人。作为一名餐饮工作人员，一定要做到诚实守信，严把食材的底线，我们的餐饮之路才能越走越宽。

2022年11月16日

思考与讨论

1. 作为 1 名烹饪专业的大学生，谈谈诚信在餐饮工作中的重要性。
2. 简述衢州菜的特点。
3. 为什么青蛳螺是开化所特有的食材？
4. 简述南孔特色卤兔头的制作工艺流程、营养价值与保健功能。
5. 制作1个自己设计的创新菜肴，写出制作过程、创新点并附图片。

台州菜

台州菜概述

台州位于浙江中部沿海，三面环山，一面濒海，自古以“海上名山”著称。地形大势由西向东倾斜。西北山脉连绵，山峦起伏，奇峰叠嶂。东南丘陵绵延，平原滩涂宽广，河道纵横。沿海海岸曲折，港湾众多，岛屿星罗棋布。陆域面积9411平方公里，大陆海岸线长630. 8公里，占浙江省大陆海岸线总长的28%。大陆架海域8万平方公里，浅海面积达4054. 1平方公里，居浙江省首位。台州辖三区、三市、三县并有6个县市区濒海，海鲜四时轮番上市，滩涂小鲜目不暇接；河湖水库田蟹、甲鱼、河虾、黄鳝、胖头鱼应有尽有；山间竹林异珍、竹笋水果四季不绝；田园时蔬瓜果遍野都是；丰盛的物产条件，为台州菜提供了得天独厚的食材资源。区域间传统烹饪手法丰富了台州菜的羽翼，造就了一批特色迥异、独具风味的地方菜品。

台州菜内涵厚实，民风浓郁，在漫长的历史岁月中逐步形成了它独特的个性和风味。由于地理环境多样，区域间社会经济发展不平衡，物产资源不同，民俗风情、饮食习惯也有较大差异，因而构成了自然条件下的饮食口味之别，饮食风格也随之多变。临海的“蛋清羊尾”不见羊尾巴，“麦虾”不是虾，“锯缘青蟹”横行世界、味誉四方，千年曙光“黄鱼”坐着飞机跑，仙居的“鸡子酒”令神仙都馋涎欲滴，三门湾的“跳跳鱼”小海鲜央视上银屏飘香，东海明珠大陈岛上“沙蒜豆面”鲜得掉眉。故素有“十里不同风，百里不同味”之说，从而形成了具有“一方水土一方菜”的鲜明特色。

台州沿海市区以鱼、虾、蟹、贝来唱主角，擅长烹制海鲜，尤其是小海鲜，选料讲究鲜活，以本地小鲜为主料，因料施技，极尽其味。口味上追求清鲜、醇正，保持和突出原料本身固有的鲜味本真；烹调以水为传热介质的红烧、家烧、煮、蒸等技法为多；菜式保持主料突出，原状粗犷，质朴自然，不过度苛求装饰。代表菜品为“桑拿青蟹”“家烧黄鱼”“姜汁弹胡”“红烧水潺”“沙蒜豆面”“金菊望潮”“白灼血蚶”“鲳鱼年糕”“藤壶水波蛋”“酱爆辣螺”等系列海鲜佳肴。

台州山区县市则是以禽、畜、山珍为龙头，选料讲究四季时蔬、当地特产，以河鲜、禽畜、干货为主，兼有山珍；口味上追求咸鲜、爽嫩、醇正、原味；烹调以烧、炒、蒸、炖、焖等技法为主；菜肴朴实无华，富有乡土气息和地方特色。代表菜品有“鹿茸鸡子酒”“油渣糯米芋”“胖头乌糯饺”“黄精烧猪脚”“笋茄烧肉”“姜汁炖蛋”“猪肚仙人鸡”“豆腐圆”“仙乡粉皮”“家常盘菜头”等。

台州菜特色风格的产生及其发展，是以本地原料和民风习俗为基础，既独立存在又彼此相辅相成、混搭成菜构成了台州菜的特色风格，也是历代厨师聪明才智和创造性得以淋漓尽致发挥的结果。他们集前人饮食业发展之大成，不断传承、融合和创新，逐渐铸就了台州菜“清鲜不薄、粗犷醇正、讲究本味、以鲜为主”的风味格局。

熬三门青蟹

烹调方法：焖　菜系：台州菜　编号：01

原料

主料：三门青蟹2500克。

调料：生姜5克、小葱25克、酱油3克、黄酒5克、白糖3克、精盐3克、蚝油5克、味精3克、色拉油15克。

制作过程：

1．将青蟹刀工处理，一切为二，备用。

2．锅置火上烧热，加入少许油，放入青蟹煎，加葱结、姜片、黄酒、清水、白糖、精盐、蚝油、酱油，加盖烧7～8分钟后拣去小葱、生姜，出锅装盘，撒上葱花即可。

成品特点：肉质鲜嫩，口味咸鲜，营养丰富。

制作关键：掌握好火候及烧制时间。

营养价值：同本书第30页（蛋黄青蟹）。

保健功能：同本书第30页。

【说明】清乾隆年间，泗淋乡岳井村已开始养殖三门青蟹，后时断时续。清光绪二十六年（公元1900年）就有记载：“宪舌札汾，对沿海天涨沙涂（宜养蛏、蟹涂地），会委勘丈，着令各户认垦，给照营业。”1946年，猫头村曾设立“中央政府养殖办事处”从事蛏、青蟹养殖，三门流传“若要富，靠海涂，要造房，养蟹王”的渔谚。1949年以后滩涂养捕逐渐发展，沿海渔民采用多种方法提高青蟹捕养产量，采用网捕，当地人称“放蟹拎”，也采用“放蟹洞”，收诱青蟹入洞蜕壳捕之，特别肥壮。由于资源丰富，渔民食用不完，就想方法养下来。开始用“空酒坛子”埋在滩涂中，把蟹放在坛内进行养殖，产量较低；后来在滩涂上挖坑，再在坑上盖石板供青蟹蜕壳，人称“石板舱”养殖法。20世纪80年代初期，青蟹人工养殖迅速发展，养殖户投入大量的资金进行养殖塘建设，养殖模式采用单养、混养、轮养、套养等多种方法，三门县全县养殖面积迅速扩大。2000年，三门县方镇、海游镇被浙江省府和渔业局命名为“青蟹之乡”，全县共有6个青蟹主要产地（1.5万余亩面积）获得浙江省无公害农产品产地证书。

鲳鱼烧年糕

烹调方法：烧　菜系：台州菜　编号：02

原料

主料：东海鲳鱼1条约1250克。

辅料：糕花（年糕）500克、五花肉50克、青蒜50克、胡萝卜丝30克。

调料：白糖3克、味精5克、精盐4克、黄酒10克、老抽1克、蚝油3克、大蒜头10克、生姜15克、小葱10克、猪油15克。

制作过程：

1. 将鲳鱼改刀成1.5厘米的厚片；糕花搓成长条，切成小段，备用。

2. 将锅烧热滑锅，放入五花肉煸炒，加入生姜、大蒜头炒香捞出后，放入鲳鱼煎，加入黄酒、开水、小葱、辣椒、精盐，加盖中火烧2分钟后加入糕花，再加盖烧3~4分钟，加入老抽调色，加入青蒜、胡萝卜，即可出锅装盘。

成品特点：色泽红润，鱼肉鲜嫩，糕花软糯。

制作关键：

1. 刀工处理要正确。

2. 锅要烧热，以防鱼肉粘锅。

营养价值：鲳鱼含蛋白质、脂肪、碳水化合物、钙、磷、铁及二甲胺、甲胺、异丁胺、乙胺、二乙胺等。

保健功能：鲳鱼含有的不饱和脂肪酸W-3系列，经医学临床证明是减少心血管疾病发生的重要物质，鲳鱼胆固醇含量也低于所有的动物性食品。

红烧水潺

烹调方法：烧　菜系：台州菜　编号：03

原料

主料：水潺（又称豆腐鱼、龙头鱼）500克。

调料：生姜10克、小葱2克、大蒜头10克、青红辣椒各1克、黄酒5克、老抽2克、精盐1克、白糖2克、味精2克、蚝油2克、色拉油10克。

制作过程：

1. 将洗净的水潺切成段，备用。

2. 将锅烧热，加油，放入大蒜头丁、生姜丁煸香后放入水潺、黄酒、老抽、蚝油、清水、精盐、味精、白糖，加盖烧3分钟后淋入明油，出锅装盘，撒上葱花即可。

成品特点：肉质滑嫩，味道鲜美，营养丰富。

制作关键：水潺的形状要保持完整。

营养价值：水潺中含有许多营养价值很高的蛋白质、氨基酸、脂肪和维生素等元素。

保健功能：常吃水潺具有提高身体抗病毒能力和滋补养生的作用，也有调节和平衡人体内分泌的作用和功效，在调节心律、控制炎症和水肿、维持酸碱平衡和提高心血管的通透性等方面都有一定的效果。

米酒煮黄鱼

烹调方法：煮　菜系：台州菜　编号：04

原料

主料：黄鱼1250克。

辅料：干枣100克、枸杞75克、桂圆肉100克、黄酒2500克。

调料：生姜100克、红糖250克。

制作过程：

1. 将黄鱼去鳞、内脏，清洗干净，改成牡丹花刀。

2. 锅内加水烧开，将黄鱼入锅焯水取出。

3. 锅内加入米酒、姜片、桂圆肉、干枣，烧至微开放入黄鱼，加盖煮约10分钟至熟，加入枸杞、红糖，出锅装盆即可。

成品特点：酒香浓郁，味醇甘甜，鱼肉鲜嫩。

制作关键：

1. 黄鱼要先焯水去腥。

2. 火候掌控精准，防止久煮肉质破碎、过老。

营养价值：同本书第50页（腐皮包黄鱼）。

保健功能：同本书第50页。

清汤（脆）望潮

烹调方法：汆　菜系：台州菜　编号：05

原料

主料：望潮500克。

调料：黄酒5克、精盐5克、味精3克、生姜10克、小葱5克、鱼清汤350克。

制作过程：

1．将望潮摔打2分钟，致肉质生硬、触须倒立卷起即可。

2．锅内加清水、生姜、葱白，沸后放入望潮、黄酒去腥味，水再沸后，捞出装入盘中。

3．锅内加入鱼清汤、精盐、味精，烧开撇去浮沫后浇在望潮上即可。

成品特点：汤清味鲜，肉质脆嫩。

制作关键：

1．摔打要到位。

2．掌握加热时间。

营养价值：望潮含有丰富的蛋白质，可以帮助补充营养。

保健功能：

1．望潮补血益气：望潮炒姜、醋常食。

2．治痈疽肿毒：望潮捣烂，调冰片，敷患处。

《泉州本草》认为，此菜一般人都可食用，尤适宜体质虚弱、气血不足、营养不良之人食用；适宜产妇乳汁不足者食用。有荨麻疹史者不宜服。

【说明】望潮学名短蛸，是东海一带著名的水产品，躯干部近似球形，头部较短。色暗褐，触脚细长，有吸盘两列，穴居海滩泥洞之中。

沙蒜（海葵）烩豆面

烹调方法：烩　菜系：台州菜　编号：06

原料

主料：沙蒜500克。

辅料：豆面（番薯粉丝）200克、茭白丝10克、红萝卜丝10克、芹菜丁10克、五花肉10克。

调料：生姜丁10克、大蒜头10克、葱花5克、黄酒10克、老抽1克、蚝油2克、精盐2克、白糖2克、味精2克、猪油10克。

制作过程：

1. 在冷水锅中放入生姜、黄酒、沙蒜焯水，去掉黏液与腥味，捞出，用清水洗干净。

2. 把沙蒜放入高压锅中，加生姜、黄酒、白糖、清水，压制3～4分钟后出锅。

3. 锅烧热加入猪油、五花肉煸炒，加入生姜丁、大蒜头丁煸出香味，放入豆面炒软，加入黄酒、沙蒜原汤、茭白丝、红萝卜丝、沙蒜，加盖烧2分钟，放入精盐、白糖、味精、芹菜丁，出锅装盘，撒上葱花即可。

成品特点：软糯爽滑，味道鲜美，富有营养。

制作关键：沙蒜要洗净。

营养价值：沙蒜蛋白质含量高，营养价值高。

保健功能：能降低血脂和血液黏度、调节人体免疫功能，具有杀菌消毒功能。

【说明】沙蒜，学名海葵，栖息在海涂下吞食泥沙，从中吸取营养物质，故全身满是泥沙，呈青黄色，外形像蒜头，沙蒜之名大约就是这么来的。别看它平时软绵绵的，一旦把它抓住，它便会气鼓鼓、硬邦邦的；虽然其貌不扬，却味道鲜美，营养丰富，一旦上桌，常常被“风卷残云”。

沙蒜分布较广，浙江至江苏沿海一带海岸线绵长，适于沙蒜生长的海涂甚多，每年早夏正是采收旺季。当海潮退后，常见三五成群的人们，深一脚浅一脚地徘徊在浅色的海涂上，挖掘生长在涂下尺余的沙蒜。沙蒜难熟，以煨吃为宜。煨时注意不要放盐，因其本身已咸；也不要加水,因其含水量较高。用清水反复洗净后整个放入砂罐中，加入黄酒、姜片、蒜头等，慢火煨熟，鲜美胜似鸡鸭肫，风味独特。民间普遍以为其有较高的补肾壮阳功效，是四季进补的佳品。在浙江温州也有采集沙蒜的传统。温州市龙湾区永强片区历来就有采收沙蒜的习俗，做成沙蒜冻，成为瓯菜的一个品种。

20世纪五六十年代时，沙蒜与黄鱼、墨鱼、海蜇等一样，都是沿海地区居民们的家常便菜。后来随着大量捕捉，数量越来越少。目前市场上偶尔有售，每公斤价格高达50余元，跨入了名贵海产品的行列，转入宴席之中。

手撕豆腐

烹调方法：烧　菜系：台州菜　编号：07

原料

主料：盐卤豆腐800克。

辅料：咸肉50克、香菇25克、大开洋15克、茭白20克、青蒜20克。

调料：老抽1克、精盐3克、味精3克、黄酒5克、高汤300克、猪油10克。

制作过程：

1．把豆腐撕成块，备用。

2．锅烧热，加猪油、猪五花肉煸炒，加入大开洋、青蒜梗、茭白片、香菇炒香，烹入黄酒，加入高汤、豆腐、精盐、味精，中火加盖烧3～5分钟后，拣去青蒜梗，放入青蒜叶，加入老抽调色即可。

成品特点：豆腐鲜香，汤汁醇厚。

制作关键：

1．要用猪油、高汤。

2．豆腐要烧制入味。

营养价值：同本书第130页（武义豆腐丸子）。

保健功能：同本书第130页。

【典故】相传豆腐是由汉高祖刘邦之孙——淮南王刘安所发明。刘安在安徽省寿县与淮南交界处的八公山上炼丹的时候，偶然以石膏点豆汁，从而发明豆腐。

1960年在河南密县打虎亭东汉墓发现的石刻壁画，再度掀起豆腐是否起源于汉代的争论。《李约瑟中国科学技术史》第六卷第五分册《发酵与食品科学》一书的作者黄兴宗，综合各方的见解，偏向于认为打虎亭东汉壁画描写的不是酿酒，而是描写制造豆腐的过程。但他认为，汉代发明的豆腐未曾将豆浆加热，乃是原始豆腐，其凝固性和口感都不如当前的豆腐，因此未能进入烹调主流。

到宋代豆腐方才成为重要的食品。南宋诗人陆游记载苏东坡喜欢吃蜜饯豆腐面筋；吴自牧《梦粱录》记载，京城临安的酒铺卖豆腐脑和煎豆腐。

新派翻碗肉

烹调方法：焖、蒸　菜系：台州菜　编号：08

原料

主料：土猪五花肉1200克。

辅料：腌制萝卜干丝300克。

调料：酱油50克、糖色50克、黄酒50克、姜葱各30克、色拉油15克。

制作过程：

1．将五花肉放锅中焯水，至五花肉肉色泛白捞出。

2．将五花肉切成3厘米长、1.5厘米厚的块。

3．锅加少许油滑锅，放入肉块翻炒至焦黄，倒入黄酒，放入葱姜，加入酱油、糖色、清水，加盖慢火炖焖1小时，开盖后加入萝卜干丝，翻炒均匀后，加盖焖制片刻。

4．萝卜干丝铺底，肉块码上，再上蒸笼蒸1小时即可。

成品特点：肉色泽殷红如琥珀，四方不见棱角，入口酥软油而不腻。

制作关键：

1．将五花肉切成3厘米长、1.5厘米厚的块，薄厚均匀。

2．翻碗肉的烹饪需要经过涮和蒸两道工序。涮，是将肉块在滚汤中涮白；蒸，是将焖好的肉加上卤汁再蒸1小时。

营养价值：同本书第6页（东坡肉）。

保健功能：同本书第6页。

杨梅原汁三黄鸡

烹调方法：煨　菜系：台州菜　编号：09

原料

主料：仙居三黄鸡1600克。

辅料：仙居东魁杨梅4颗、农家猪脚尖120克、仙居腊肉50克、仔排50克。

调料：生姜80克、大蒜子80克、洋葱80克、大葱80克、杨梅原汁200克、杨梅干红50克、绍兴黄酒80克、生抽王15克、老抽王5克、鸡汁10克、冰糖25克、蚝油10克、色拉油10克。

制作过程：

1. 锅下热油，将生姜、大蒜子、洋葱煸香，煸炒后的辅料倒入大砂锅中。

2. 将生抽王、蚝油、鸡汁、老抽王、冰糖下锅中，加入400克的水调制成味汁，放入仔排、猪脚尖、仙居腊肉，再将改刀好的三黄鸡置入砂锅中。

3. 将烧开的调味汁浇淋于鸡身上，大火烧开。用汤勺浇淋上色，倒入杨梅干红、绍兴黄酒，用锡纸封口加盖，转小火焖制2小时。转中火收浓汤汁，加入杨梅原汁，再加盖焖烧3分钟后即可上桌。

成品特点：色泽红润，鲜香四溢，肉质酥嫩，鲜中透着酸甜果香，回味悠长，营养健康。

制作关键：掌握好火候及烧制时间。

营养价值：同本书第9页（叫花鸡）。

保健功能：同本书第9页。

炸烹跳跳鱼（弹涂鱼）

烹调方法：烹　菜系：台州菜　编号：10

原料

主料：跳跳鱼500克。

辅料：红椒20克、青椒20克、洋葱15克。

调料：精盐1克、酱油5克、白糖25克、米醋25克、大蒜头5克、生姜3克、小葱2克、色拉油1000克（约耗75克）。

制作过程：

1．将青红椒、洋葱改刀成条状，大蒜头切末。

2．用白糖、米醋、酱油、精盐调成兑汁。

3．锅加入油，待油温升至两成热时，放入辅料过油后捞出待用。

4．油温升至七成热时，倒入跳跳鱼炸制2分钟后捞出，待油温再度升至七成热时进行复炸，至外皮松脆时，捞出。

5．锅内留底油，入大蒜末煸香，倒入炸好的跳跳鱼，烹入兑汁，颠翻均匀，即可。

成品特点：外松脆里鲜嫩，酸甜鲜美，滋润养颜。

制作关键：

1．炸鱼时，控制好油温。

2．糖醋比例要正确。

3．烹制过程要迅速。

营养价值：跳跳鱼含有丰富的蛋白质和脂肪。

保健功能：人们称跳跳鱼为“海上人参”，特别是冬令时节弹涂鱼肉肥腥轻，故又有“冬天跳鱼赛河鳗”的说法。

【说明】弹涂鱼，又名跳跳鱼，江边、海边常见为刺鳍鱼科，世界上共有25种弹涂鱼，根据其形体和行为特点可将其归为四个种类；中国沿海主要有3属6种，分别为弹涂鱼、大弹涂鱼、青弹涂鱼。

育人元素：工匠精神

以“工匠精神”演绎厨艺人生

刘小敏

我是刘小敏，浙江台州人，中国烹饪大师、国家一级烹调师、首席技能大师、浙菜传承大使。从事厨师行业，风雨兼程已走过40多个春夏秋冬，我一辈子就干了一种职业——厨师。

自打就读烹饪专业起，我就梦想着有朝一日能成为一名行业的翘楚。当毕业步入社会时，方觉梦想与现实的差距，烟炝、气熏、火烤的厨房滋味饱受磨难。但一种信念始终支撑着我的执着，那就是家父临终时遗言教诲：“做任何事都要自始至终，要做一行钻一行”。现在感悟起来才知老父说的就是当代的“工匠精神”。工匠精神不是口号，它存在于每一个人身上、心中，细细考量，“工匠精神”就是爱岗敬业的真正含义。

我从厨虽是一个平凡的岗位，但要把自己毕生的岁月奉献给一门厨艺，埋头苦干，孜孜不倦，精益求精，视品质为生命的确需要工匠精神。我一步步成长，是在师父辈们言传身教中得益；用心存敬畏的态度在自己的工作中获取养料；用一颗平常心执着追逐厨艺巅峰中得到启迪。为满足人民日益增长的美好生活需求的道路上，少不了我们这些平凡岗位的厨艺“匠人”，用“工匠精神”演绎自己的厨艺人生。

2022年11月16日

思考与讨论

1. 如何用工匠精神开启自己的厨艺人生？
2. 简述台州菜的特色。
3. 请写出用青蟹做主料的十个菜肴。
4. 简述沙蒜（海葵）烩豆面的制作工艺流程、营养价值与保健功能。
5. 制作1个自己设计的创新菜肴，写出制作过程、创新点并附图片。

舟山菜

舟山菜概述

舟山市位于浙江省东北部，东临东海，西靠杭州湾，北面上海市，是环杭州湾大湾区核心城市、长江流域和长江三角洲对外开放的海上门户和通道。舟山被誉为“千岛之城”，由1390个岛屿组成，群岛之中，以舟山本岛最大，其形如舟楫，故名舟山。舟山是我国最大的海产品生产、加工、销售基地，舟山渔场是我国最大渔场，素有“东海鱼舱”和“海鲜之都”之称。由于附近海域自然环境优越，饵料丰富，因此近海处海水浑浊，给不同习性的鱼虾洄游、栖息、繁殖和生长创造了良好条件。

舟山渔场自古以来因渔业资源丰富而闻名，浙江、江苏、福建和上海等地渔民将其作为捕鱼打捞传统作业区域。舟山渔场以盛产大黄鱼、小黄鱼、带鱼和墨鱼（乌贼）并称经济海洋鱼类。捕捞的主要品种除四大经济海洋鱼类外，还有鳓鱼、鲳鱼、马鲛鱼、海鳗、鲐鱼、马面鱼、石斑鱼、梭子蟹和斑节虾类等36种及贻贝、泥螺、紫菜等丰富的海产品。

舟山海鲜菜肴历史悠久，风味独特。它注重原料本味的保持，常用鲜咸合一的配菜方法，尤其擅长红烧、焖、煮、烩、烤等多种烹调技艺，色、香、味俱佳，具有独树一帜的原汁原味海岛饮食风味。舟山海鲜菜肴以舟山海鲜为主料，融入吴越一带及各地菜系特点，使舟山海鲜更具兼容并蓄的特点。

舟山群岛拥有历史悠久的饮食文化，舟山乡土菜肴不仅散发浓郁海味，而且用料简单、制作方便，原汁原味、鲜嫩清香，营养丰富、健康养生，为海内外美食家所推崇。近年来，随着进一步弘扬“港、景、渔”的地方特色，舟山乡土菜肴在保持传统风味的基础上，博采众长，在烹调技艺上既继承渔村传统加工技艺，又讲究刀工、色泽，粗菜细作，土菜精作，“色、香、味、形”并美。代表菜有舟山黄鱼鲞烤肉、渔都鲞拼、抱盐鱼、舟山风带鱼、红膏炝蟹、香糟鲳鱼、舟山鳗干汤、嵊泗螺浆、大烤墨鱼、倒笃梭子蟹、椒盐虎头鱼、白泉鹅拼等。

白泉鹅拼

烹调方法：煮　菜系：舟山菜　编号：01

原料

主料：白泉白鹅1只约4500克。

调料：酱油20克、生姜15克、葱段15克。

制作过程：

1. 锅内加水，放入葱段、生姜，水沸后放入鹅煮制1个半小时捞出。

2. 将煮好的鹅改刀装盘，配上酱油碟即可。

成品特点：鲜嫩味美，营养丰富。

制作关键：掌握好煮制时间。

营养价值：

1. 鹅肉蛋白质的含量很高，富含人体必需的多种氨基酸、多种维生素、微量元素。

2. 鹅肉营养丰富，脂肪含量低，不饱和脂肪酸含量高，对人体健康十分有利。根据测定，鹅肉蛋白质含量比鸭肉、鸡肉、牛肉、猪肉都高，赖氨酸含量比肉仔鸡高。

3. 鹅肉作为绿色食品于2002年被联合国粮农组织列为21世纪重点发展的绿色食品之一。

保健功能：鹅肉性平、味甘，归脾、肺经，具有益气补虚、和胃止渴、止咳化痰、解铅毒等作用。

葱油梭子蟹

烹调方法：蒸　菜系：舟山菜　编号：02

原料

主料：梭子蟹750克。

辅料：水发粉条200克。

调料：葱油汁75克、葱丝5克、姜丝5克、红椒丝5克。

制作过程：

1. 把梭子蟹切成小块，放入垫有粉丝的盘中。
2. 上笼蒸制8～10分钟，加入葱丝、姜丝、红椒丝之后淋上热油。
3. 葱油汁加热淋入盘中即可。

成品特点：蟹肉鲜嫩，香气四溢。

制作关键：掌握好蒸制的时间。

营养价值：同本书第81页（江蟹生）。

保健功能：同本书第81页。

醋熘鲨鱼羹

烹调方法：烩　菜系：舟山菜　编号：03

原料

主料： 鲨鱼500克。

辅料： 洋葱75克、西红柿75克、蚕豆75克。

调料： 酱油3克、黄酒2克、米醋20克、精盐3克、味精2克、湿淀粉35克、胡椒粉2克、色拉油10克。

制作过程：

1．将鲨鱼根据老嫩程度，一般用80～90℃的热水褪沙洗净切小块，洋葱、西红柿切成丁。

2．鲨鱼丁焯水，炒锅加油，放入洋葱煸炒，加西红柿丁、黄酒、清水、酱油、胡椒粉、精盐、鲨鱼丁、米醋、蚕豆，待汤汁沸起勾芡并淋上明油，出锅时撒上葱花即可。

成品特点： 鲨鱼鲜嫩，口味酸香。

制作关键：

1．褪沙要干净。

2．掌握好勾芡的厚薄。

营养价值： 鲨鱼肉中含有大量的蛋白质、脂肪、胶原蛋白以及多种无机盐、维生素、脂肪酸。

保健功能： 鲨鱼肉有益气滋阴、补虚壮腰、行水化痰的功效。鲨鱼肉对于许多发炎性及自体免疫性疾病伴随有血管异常增生的情况，如风湿性关节炎、干癣、红斑狼疮等皆有明显的改善效果。鲨鱼是唯一不会生癌的动物，鲨鱼制品也确实有一定的抑制癌细胞的作用。

大烤墨鱼

烹调方法：烧　菜系：舟山菜　编号：04

原料

主料：墨鱼1只600克。

调料：酱油10克、黄酒10克、白糖10克、老抽5克、味精2克、茴香3克、桂皮3克、八角2克、干辣椒2克、生姜3克、小葱2克、色拉油20克。

制作过程：

1．锅置火上，放清水加热，随即放入墨鱼焯水，墨鱼八成熟时捞出洗净。

2．原锅置火上留底油，放入小葱、生姜、茴香、桂皮、八角、干辣椒、黄酒、酱油、老抽、清水、墨鱼，用旺火烧沸后转小火，待到汤汁浓稠时加味精少许，出锅改刀装盘。

成品特点：色泽红亮，口味鲜香，口感软嫩。

制作关键：掌握烧制时间。

营养价值：同本书第53页（柳叶墨鱼大烤）。

保健功能：同本书第53页。

带鱼冻

烹调方法：烧　菜系：舟山菜　编号：05

原料

主料：新鲜带鱼1条500克（最好冬至前后舟山带鱼）。

辅料：青蒜10克。

调料：酱油3克、黄酒2克、味精2克、生姜2克、葱段3克、干辣椒2克、白糖3克、食用油15克。

制作过程：

1. 新鲜带鱼去内脏去鳍洗净，去头尾，改刀成4～5厘米宽的菱形块，姜切片，青蒜切段。

2. 锅置火上，油加热，放生姜、葱段煸出香味，放带鱼段煎，加黄酒、酱油、白糖、清水，旺火烧沸，中火将带鱼烧10分钟，加青蒜、味精后出锅。

3. 取深盘，将带鱼码成排，然后浇上汤汁放数小时，让其自然结冻（气温高时可冷藏）后上桌。

成品特点：带鱼肉质肥糯，咸鲜味厚。

制作关键：

1. 选用冬至前后的带鱼最佳。

2. 汤汁要多。

营养价值：同本书第52页（酒酿蒸带鱼）。

保健功能：同本书第52页。

鳗鲞烧肉

烹调方法：烧　菜系：舟山菜　编号：06

原料

主料：鳗鲞250克、五花肉250克。

调料：白糖25克、黄酒10克、味精3克、酱油15克、生粉5克、生姜5克、小葱10克、干辣椒2克、胡椒粉2克、色拉油500克（实耗60克）。

制作过程：

1．鳗鲞去头尾后切成段，五花肉切成2厘米见方的小块。

2．切好的五花肉焯水洗净，锅中加油，待油温升至五成热时放入鳗鲞段炸制捞出。

3．锅内留余油，加白糖熬成糖浆，放入五花肉，加清水、黄酒、酱油、小葱、生姜、干辣椒，待烧开后焖30分钟加入鳗鲞烧制，待汤汁浓稠时加入味精，用淀粉勾芡，淋上明油出锅。

成品特点：香里透鲜，口味醇正。

制作关键：

1．掌握好油温。

2．掌握好糖浆的熬制。

营养价值：鳗鱼含有丰富的优质蛋白和人体必需的多种氨基酸、丰富的维生素A和维生素E，还含有被俗称为“脑黄金”的DHA及EPA。五花肉同本书第6页（东坡肉）。

保健功能：鳗鱼含有多种营养成分，具有补虚养血、祛湿、抗痨等功效，是久病、虚弱、贫血、肺结核等病人的良好营养品，同时有预防心血管疾病的作用。五花肉同本书第6页。

鮸鱼骨酱

烹饪方法：炒　菜系：舟山菜　编号：07

原料

主料：鮸鱼头及鱼骨600克。

辅料：洋葱200克。

调料：精盐4克、味精2克、生粉5克、白糖2克、黄酒2克、酱油3克、米醋2克、生姜3克、干辣椒2克、小葱2克、红辣椒2克、色拉油5克。

制作过程：

1. 把鮸鱼头和鱼骨斩成小丁。

2. 炒锅放油烧热，放生姜、洋葱、干辣椒炒香，再放斩好的鱼骨一起煸炒，加黄酒、精盐、酱油、清水、米醋、白糖、味精，待沸后勾芡，淋上色拉油出锅装盘，撒上葱花与红辣椒即可。

成品特点：鱼骨软烂，入口鲜香。

制作关键：鱼头、鱼骨切成大小一致的丁。

营养价值：鮸鱼的营养价值很高，经测定，每100克鮸鱼肉中含有水分77.6克、能量89千卡（372千焦）、蛋白质20.2克、脂肪0.9克等，是典型的高蛋白、低脂肪的食品，营养丰富，老少皆宜。

保健功能：鮸鱼性甘、咸、平，有养血、止血、补肾固精、润肺健脾和消炎功效。

三抱鰳鱼跟海蜇

烹调方法：蒸　菜系：舟山菜　编号：08

原料

主料：鰳鱼350克。

辅料：海蜇150克。

调料：味精3克、黄酒5克、小葱2克、生姜3克、红椒1克。

制作过程：

1. 鰳鱼斜刀切成片，海蜇也用斜刀切成片。
2. 切成片的鰳鱼加入黄酒、味精、小葱、生姜上笼蒸6～8分钟。
3. 蒸好的鰳鱼去掉葱、姜，放入海蜇与葱丝、姜丝、红椒丝，淋上热油即可。

成品特点：地方风味浓郁，咸香鲜纯，爽脆可口。

制作关键：海蜇头用清水浸淡。

营养价值：

1. 鰳鱼味鲜肉细，营养价值极高，其蛋白质、脂肪、钙、钾、硒含量均十分丰富。
2. 海蜇含有人体需要的多种营养成分，尤其含有人们饮食中所缺的碘，是一种重要的营养食品。

保健功能：

1. 海蜇含有类似于乙酰胆碱的物质，能扩张血管，降低血压，预防动脉粥样硬化。海蜇的含碘量十分高，是补碘高手，能防止和治疗甲状腺肿大。海蜇有吸附毒素、滑肠清肠的作用，常吃可以清理肠胃、美容养颜。
2. 鰳鱼富含不饱和脂肪酸，具有降低胆固醇的作用，对防止血管硬化、高血压和冠心病等有益处。

舟山风鳗

烹调方法：蒸　菜系：舟山菜　编号：09

原料

主料：海鳗1条1500克。

调料：精盐500克、黄酒15克、生姜10克、小葱10克、大蒜10克。

制作过程：

1．将海鳗去鳃剖腹去内脏，洗净沥水。

2．按5斤水1斤盐的比例调制盐水，然后放入洗净的海鳗，浸泡12小时取出，用竹扦将腹部撑开，挂在通风阴凉处3天左右。

3．将风制好的海鳗切段上笼，加入小葱、生姜、大蒜、黄酒，用旺火蒸制10分钟即可。

成品特点：肉白味鲜。

制作关键：

1．掌握好精盐与清水的比例。

2．用竹扦将腹部撑开，挂在通风阴凉处。

营养价值：鳗鱼含有丰富的优质蛋白和人体必需的多种氨基酸，含有丰富的维生素A和维生素E，还含有被俗称为“脑黄金”的DHA及EPA。

保健功能：美容养颜、保护视力、补虚养血、预防骨质疏松、补脑健脑。

舟山熏鱼

烹调方法：炸、卤　菜系：舟山菜　编号：10

原料

主料：冻马鲛鱼1条600克。

调料：黄酒100克、酱油300克、老抽20克、白糖50克、米醋50克、食用油1000克（约耗80克）。

制作过程：

1. 把冻马鲛鱼斜切成1厘米的厚片，去除内脏洗净，用酱油、黄酒、老抽腌渍半小时，取出晾干备用。

2. 锅置火上，油加热至七成热时，把晾干的马鲛鱼厚片入油锅炸至外干香、内鲜嫩。

3. 用白糖和米醋调成味汁，浇淋在炸好的马鲛鱼上即可装盘。

成品特点：外干香，内鲜嫩。

制作关键：

1. 冻马鲛鱼刀工处理后再清洗。

2. 炸制时油温要高。

3. 味汁要浸透入味。

营养价值：马鲛鱼肉质细腻、味道鲜美、营养丰富，含丰富的蛋白质、维生素A、矿物质等营养元素。

保健功能：马鲛鱼有补气、平咳作用，对体弱咳喘有一定疗效，还具有提神和防衰老等食疗功能，对治疗贫血、早衰、营养不良、产后虚弱和神经衰弱等症有一定辅助疗效。

育人元素：心存感恩

心存感恩，扎根海岛培育烹饪人才

董海达

我是董海达，2000年毕业于浙江商业职业技术学院烹饪专业，现任教于舟山旅游商贸学校烹饪教研组讲师，中式烹调高级技师，高级考评员。22年来我一直致力于舟山烹饪教育事业，连续担任十届烹饪专业班主任，工作敬业、为人师表、关心关爱学生，被评为舟山市终身教育优秀教师、舟山市烹饪大师。

22年的工作经历，使我深深体会到要心存感恩，因为每个人的成长，离不开众人的支持和培养。首先要感恩的是父母，感谢他们给了我生命，一路把我抚养大，不管几岁，在父母的眼中永远是孩子，他们的爱是无私的。二是要感恩老师，10多年求学过程中得到老师孜孜不倦的教诲，老师对学生的爱是无私的，希望每个学生都能够出人头地，感谢老师们的栽培。三是在我职高和高职两次毕业实习中，实习单位的指导师傅成为我专业生涯中的引路人。再者在我从教过程中，学校领导和同事给了我很大的帮助、鼓励和支持。

我们从事的是烹饪事业，三百六十行，行行出状元，引用一句名人的话“把现在从事的职业看成天职，把所有的热忱投入到现有工作中去”。在成长过程中，我感恩党、感恩国家，感恩所有帮助过我的人，我将继续兢兢业业、努力工作、扎根舟山，用自己的力量回报社会，回报党和国家的培养。

2022年11月16日

思考与讨论

1. 如何发挥专业特长服务地方经济？
2. 成长路上你最想感谢的是谁？为什么？
3. 简述舟山菜的特色。
4. 简述鳗鲞烧肉的制作工艺流程、营养价值与保健功能。
5. 制作1个自己设计的创新菜肴，写出制作过程、创新点并附图片。

春笋炒步鱼

烹调方法：炒　　菜系：杭州菜　　编号：01

东坡肉

烹调方法：焖、蒸　　菜系：杭州菜　　编号：02

火腿蚕豆

烹调方法：炒　　菜系：杭州菜　　编号：03

鸡汁银鳕鱼

烹调方法：脆熘　菜系：杭州菜　编号：04

叫花鸡

烹调方法：烤　菜系：杭州菜　编号：05

金牌扣肉

烹调方法：焖、蒸　菜系：杭州菜　编号：06

龙井虾仁

烹调方法：炒　菜系：杭州菜　编号：07

钱江肉丝

烹调方法：炒　菜系：杭州菜　编号：08

砂锅鱼头豆腐

烹调方法：烧　菜系：杭州菜　编号：09

宋嫂鱼羹

烹调方法：烩　菜系：杭州菜　编号：10

笋干老鸭煲

烹调方法：炖　菜系：杭州菜　编号：11

西湖醋鱼

烹调方法：软溜　菜系：杭州菜　编号：12

蟹酿橙

烹调方法：炒、蒸　菜系：杭州菜　编号：13

蟹汁鳜鱼

烹调方法：油浸　菜系：杭州菜　编号：14

油爆大虾

烹调方法：烹　菜系：杭州菜　编号：15

油焖春笋

烹调方法：焖　菜系：杭州菜　编号：16

斩鱼圆

烹调方法：氽　菜系：杭州菜　编号：17

竹叶仔排

烹调方法：蒸　菜系：杭州菜　编号：18

百鸟朝凤

烹调方法：炖　菜系：杭州菜　编号：19

脆皮鱼

烹调方法：脆熘　菜系：杭州菜　编号：20

蛋黄青蟹

烹调方法：炒　菜系：杭州菜　编号：21

风味牛柳卷

烹调方法：炸　菜系：杭州菜　编号：22

干炸响铃

烹调方法：炸　菜系：杭州菜　编号：23

蛤蜊汆鲫鱼

烹调方法：汆　菜系：杭州菜　编号：24

杭州卤鸭

烹调方法：卤　菜系：杭州菜　编号：25

红烧卷鸡

烹调方法：烧　菜系：杭州菜　编号：26

椒盐乳鸽

烹调方法：炸　菜系：杭州菜　编号：27

栗子冬菇

烹调方法：炒　菜系：杭州菜　编号：28

南肉春笋

烹调方法：炖　菜系：杭州菜　编号：29

生爆鳝片

烹调方法：脆熘　菜系：杭州菜　编号：30

蒜香蛏鳝

烹调方法：炒　菜系：杭州菜　编号：31

荷叶粉蒸肉

烹调方法：蒸　菜系：杭州菜　编号：32

之江鲈莼羹

烹调方法：烩　菜系：杭州菜　编号：33

八宝豆腐

烹调方法：炒　菜系：杭州菜　编号：34

醇香焖奉芋

烹调方法：焖 菜系：宁波菜 编号：01

葱烤河鲫鱼

烹调方法：炸、烧 菜系：宁波菜 编号：02

腐皮包黄鱼

烹调方法：炸　菜系：宁波菜　编号：03

海参黄鱼羹

烹调方法：烩　菜系：宁波菜　编号：04

酒酿蒸带鱼

烹调方法：蒸　菜系：宁波菜　编号：05

柳叶墨鱼大烤

烹调方法：烧　菜系：宁波菜　编号：06

宁式鳝糊

烹调方法：炒　菜系：宁波菜　编号：07

薹菜小方㸆

烹调方法：烧　菜系：宁波菜　编号：08

铁板烤蛏子

烹调方法：烤　菜系：宁波菜　编号：09

雪菜大汤黄鱼

烹调方法：烧　菜系：宁波菜　编号：10

薹菜江白虾

烹调方法：炸　菜系：宁波菜　编号：11

雪菜炒虾仁

烹调方法：炒　菜系：宁波菜　编号：12

白鲞扣鸡

烹调方法：蒸　菜系：绍兴菜　编号：01

崇仁炖鸭

烹调方法：炖　菜系：绍兴菜　编号：02

单鲍大黄鱼

烹调方法：焖、蒸　菜系：绍兴菜　编号：03

干菜焖肉

烹调方法：焖、蒸　菜系：绍兴菜　编号：04

清汤鱼圆

烹调方法：氽　菜系：绍兴菜　编号：05

清汤越鸡

烹调方法：煮、蒸　菜系：绍兴菜　编号：06

绍式单腐

烹调方法：烩　菜系：绍兴菜　编号：07

绍式小扣

烹调方法：扣、蒸　菜系：绍兴菜　编号：08

络虾球

烹调方法：炸　菜系：绍兴菜　编号：09

油炸臭豆腐

烹调方法：炸　菜系：绍兴菜　编号：10

酱鸭

烹调方法：蒸　菜系：绍兴菜　编号：11

头肚醋鱼

烹调方法：烧　菜系：绍兴菜　编号：12

蛏子把

烹调方法：蒸　菜系：温州菜　编号：01

江蟹生

烹调方法：生醉　菜系：温州菜　编号：02

酱鸭舌

烹调方法：酱炒　菜系：温州菜　编号：03

金钱鱼皮

烹调方法：烧　菜系：温州菜　编号：04

酒蒸大黄鱼

烹调方法：蒸　菜系：温州菜　编号：05

敲虾汤

烹调方法：汆　菜系：温州菜　编号：06

温州鱼丸

烹调方法：汆　菜系：温州菜　编号：07

温州鱼饼

烹调方法：蒸　菜系：温州菜　编号：08

绣球银耳

烹调方法：蒸　菜系：温州菜　编号：09

炸熘黄菇鱼

烹调方法：炸熘　菜系：温州菜　编号：10

咸鲜鲵鱼

烹调方法：蒸　菜系：温州菜　编号：11

蟹黄雪蛤豆腐

烹调方法：烩　菜系：温州菜　编号：12

慈母千张包

烹调方法：煮　菜系：湖州菜　编号：01

脆炸银鱼丝

烹调方法：炸　菜系：湖州菜　编号：02

翡翠汤虾球

烹调方法：氽　菜系：湖州菜　编号：03

锋味茶熏鸡

烹调方法：焖　菜系：湖州菜　编号：04

芙蓉酿蟹斗

烹调方法：蒸　菜系：湖州菜　编号：05

金牌酱羊肉

烹调方法：焖　菜系：湖州菜　编号：06

太湖野白鱼

烹调方法：蒸　菜系：湖州菜　编号：07

鱼茸酿丝瓜

烹调方法：蒸　菜系：湖州菜　编号：08

炸细沙羊尾

烹调方法：炸　菜系：湖州菜　编号：09

竹燕酿鱼圆

烹调方法：汆　菜系：湖州菜　编号：10

八宝全鸭

烹调方法：煮　菜系：嘉兴菜　编号：01

冰糖河鳗

烹调方法：烧　菜系：嘉兴菜　编号：02

红烧老鹅

烹调方法：烧　菜系：嘉兴菜　编号：03

嘉兴酱鸭

烹调方法：卤　菜系：嘉兴菜　编号：04

南湖三宝

烹调方法：炒 菜系：嘉兴菜 编号：05

青鱼干焖肉

烹调方法：焖 菜系：嘉兴菜 编号：06

船家鳜鱼

烹调方法：烧　菜系：嘉兴菜　编号：07

蟹粉南湖菱

烹调方法：炒　菜系：嘉兴菜　编号：08

新二锦馅

烹调方法：煎、煮　菜系：嘉兴菜　编号：09

船家喜蛋

烹调方法：煎、烧　菜系：嘉兴菜　编号：10

葱花肉

烹调方法：炸　菜系：金华菜　编号：01

火腿扣白玉

烹调方法：蒸　菜系：金华菜　编号：02

金华胴骨煲

烹调方法：炖 菜系：金华菜 编号：03

金银炖双蹄

烹调方法：炖 菜系：金华菜 编号：04

兰溪大仙菜

烹调方法：烧　菜系：金华菜　编号：05

萝卜肉圆

烹调方法：蒸　菜系：金华菜　编号：06

馒头扣肉

烹调方法：蒸　菜系：金华菜　编号：07

磐安药膳炖猪肚

烹调方法：炖　菜系：金华菜　编号：08

武义豆腐丸子

烹调方法：煮　菜系：金华菜　编号：09

野蜂巢蒸火腿

烹调方法：蒸　菜系：金华菜　编号：10

处州白莲

烹调方法：蒸　菜系：丽水菜　编号：01

工头大肉

烹调方法：焖　菜系：丽水菜　编号：02

家烧田鱼

烹调方法：烧　菜系：丽水菜　编号：03

金蹄笋筒砂锅

烹调方法：炖　菜系：丽水菜　编号：04

缙云敲肉羹

烹调方法：烩　菜系：丽水菜　编号：05

丽水泡精肉

烹调方法：炸　菜系：丽水菜　编号：06

青田三粉馍

烹调方法：蒸　菜系：丽水菜　编号：07

高山小黄牛

烹调方法：焖　菜系：丽水菜　编号：08

歇力茶炖猪手

烹调方法：炖　菜系：丽水菜　编号：09

秀水白条

烹调方法：蒸　菜系：丽水菜　编号：10

姑蔑巧手豆腐丸

烹调方法：氽　菜系：衢州菜　编号：01

古法大桥煎泥鳅

烹调方法：煎、炒　菜系：衢州菜　编号：02

家烧江郎红顶鹅

烹调方法：炖　菜系：衢州菜　编号：03

江源有机清水鱼

烹调方法：炖　菜系：衢州菜　编号：04

开化生态青蛳螺

烹调方法：炒　菜系：衢州菜　编号：05

南孔特色卤兔头

烹调方法：卤　菜系：衢州菜　编号：06

钱江源头风干肉

烹调方法：蒸　菜系：衢州菜　编号：07

三衢药王土鸡煲

烹调方法：炖　菜系：衢州菜　编号：08

信安扛酱白馒头

烹调方法：炒　菜系：衢州菜　编号：09

浙西腐皮葱花肉

烹调方法：炸　菜系：衢州菜　编号：10

熬三门青蟹

烹调方法：焖　菜系：台州菜　编号：01

鲳鱼烧年糕

烹调方法：烧　菜系：台州菜　编号：02

红烧水潺

烹调方法：烧　菜系：台州菜　编号：03

米酒煮黄鱼

烹调方法：煮　菜系：台州菜　编号：04

清汤（脆）望潮

烹调方法：氽　菜系：台州菜　编号：05

沙蒜（海葵）烩豆面

烹调方法：烩　菜系：台州菜　编号：06

手撕豆腐

烹调方法：烧　菜系：台州菜　编号：07

新派翻碗肉

烹调方法：焖、蒸　菜系：台州菜　编号：08

杨梅原汁三黄鸡

烹调方法：煨　菜系：台州菜　编号：09

炸烹跳跳鱼（弹涂鱼）

烹调方法：烹　菜系：台州菜　编号：10

白泉鹅饼

烹调方法：煮　菜系：舟山菜　编号：01

葱油梭子蟹

烹调方法：蒸　菜系：舟山菜　编号：02

醋熘鲨鱼羹

烹调方法：烩　菜系：舟山菜　编号：03

大烤墨鱼

烹调方法：烧　菜系：舟山菜　编号：04

带鱼冻

烹调方法：烧　菜系：舟山菜　编号：05

鳗鲞烧肉

烹调方法：烧　菜系：舟山菜　编号：06

鲍鱼骨酱

烹饪方法：炒　菜系：舟山菜　编号：07

三抱鳓鱼跟海蜇

烹调方法：蒸　菜系：舟山菜　编号：08

舟山风鳗

烹调方法：蒸　菜系：舟山菜　编号：09

舟山熏鱼

烹调方法：炸、卤　菜系：舟山菜　编号：10